地震作用下型钢混凝土框架结构参数重要性分析

王秀振　著

中国矿业大学出版社

·徐州·

内 容 提 要

本书对型钢混凝土框架结构中的随机变量进行了重要性分析,研究了各个随机变量对结构地震需求及地震易损性的影响程度。本书首先给出高效抽样方法,在样本数量较少的情况下,较准确地研究各个随机变量对输出反应量的影响,并给出了对应的方差重要性测度指标;其次采用多种机器学习算法得到随机变量的重要性测度指标;最后用矩独立以及信息熵重要性测度分析方法研究了输入随机变量对结构地震需求及地震易损性的重要性影响。基于此,对各种测度分析方法进行了各随机变量重要性排序。

本书可供土木工程专业研究生及相关专业科技工作者参考使用。

图书在版编目(CIP)数据

地震作用下型钢混凝土框架结构参数重要性分析 /
王秀振著. —徐州:中国矿业大学出版社,2024.1

ISBN 978 - 7 - 5646 - 5734 - 5

Ⅰ. ①地… Ⅱ. ①王… Ⅲ. ①钢筋混凝土结构—框架
结构—地震反应分析—研究 Ⅳ. ①TU375.4

中国国家版本馆 CIP 数据核字(2023)第 030765 号

书　　名	地震作用下型钢混凝土框架结构参数重要性分析
著　　者	王秀振
责任编辑	路　露
出版发行	中国矿业大学出版社有限责任公司
	(江苏省徐州市解放南路　邮编 221008)
营销热线	(0516)83885370　83884103
出版服务	(0516)83995789　83884920
网　　址	http://www.cumtp.com　E-mail:cumtpvip@cumtp.com
印　　刷	江苏淮阴新华印务有限公司
开　　本	787 mm×1092 mm　1/16　**印张** 9.75　**字数** 249 千字
版次印次	2024 年 1 月第 1 版　2024 年 1 月第 1 次印刷
定　　价	45.00 元

(图书出现印装质量问题,本社负责调换)

前　言

在结构地震需求和地震易损性分析中,地震动强度对两者影响较大,同时结构中的不确定性因素对其有一定影响。因此,很有必要采取有效的方法对这些不确定性因素进行研究,并采用能够考虑各楼层地震需求之间相关性的方法对框架结构进行易损性分析。本书对型钢混凝土框架结构中的随机变量进行重要性分析,研究各个随机变量对结构地震需求及地震易损性的影响程度。本书主要内容包括:

① 给出高效抽样方法,在样本数量较少的情况下,较准确地研究各个随机变量对输出反应量的影响,并给出了其对应的方差重要性测度指标。以此为基础,首先对型钢混凝土框架结构进行非线性时程分析,得到 4 种结构地震需求;其次对其进行重要性分析,求出各个随机变量对地震需求以及地震易损性的方差重要性测度指标;最后分别分析随机变量对结构地震易损性和地震需求的影响程度,对比了常用方法的分析结果。结果表明,这一方法准确有效,并能够极大地减少大型复杂结构重要性分析的样本数量。

② 采用多种机器学习算法得到随机变量的重要性测度指标。以此为基础,对型钢混凝土框架结构进行重要性分析,得到各个随机变量对结构地震需求和结构地震易损性的重要性测度指标,这进一步减少了样本数量。其中,基于神经网络分位数回归的重要性分析方法详细描述了输出反应量在其分布范围内的统计特征,得到在各种不同分位数条件下,随机变量对结构地震需求及地震易损性的影响程度。

③ 用矩独立以及信息熵重要性测度分析方法,研究输入随机变量对结构地震需求及地震易损性的重要性影响程度。对矩独立和信息熵理论进行了阐述,并给出矩独立和信息熵重要性测度指标;采用基于正交多项式估计的重要性分析方法以及上述高效抽样方法,得到随机变量对地震需求和地震易损性的矩独立和信息熵重要性测度指标;利用常用的核密度估计方法进行对比,以验证此求解方法的有效性。

在撰写本书的过程中参考了较多文献,有些资料未一一列出,在此一并向有关文献作者表示衷心感谢。

感谢宿迁市科技计划项目(项目编号:K202133)和宿迁学院高层次人才科研启动项目(项目编号:2022XRC007)的支持。

由于作者水平所限,书中不妥之处在所难免,敬请读者指正,以便及时修正完善。

著　者

2023 年 5 月

目　　录

第一章　绪　　论

第一节　研究背景及意义

一、研究背景

地震是一种自然现象,绝大多数地震都是微震,不会对人类的生产生活造成大的影响[1]。然而,当地震达到一定强度时可能会对人类造成极大的伤害,产生灾难性的后果。

结构地震需求分析是结构抗震中的重要研究内容,地震需求受很多不确定性因素的影响,地震动强度随机性对结构地震需求的影响很大[2],同时,结构中的随机变量对结构地震需求有较大的影响。因此,在对结构地震需求进行分析时,要同时考虑地震动强度和结构中的随机变量。

不同形式结构的抗震性能是不同的,在常见的结构中,在地震作用下,框架结构表现较好,所以应用广泛,型钢混凝土构件(Steel Reinforced Concrete Component,SRCC)作为抗震性能表现良好的结构,在框架结构中应用广泛。高层建筑随着我国经济水平的不断提高,在各个城市建设的数量越来越多,在很多城市甚至成为数量最多的一种建筑,而型钢混凝土结构在高层建筑中是被广泛应用的,因此研究这种结构中各种构件的抗震性能是非常有必要的。据众多研究发现,型钢混凝土框架结构(Steel Reinforced Concrete Structure,SRCS)发生破坏的形式主要分为两类,一种是破坏使型钢混凝土框架结构成为梁铰机构,这是由于梁的破坏使梁端产生了塑性铰;另一种是破坏使型钢混凝土框架结构成为柱铰机构,这是由于柱的破坏使柱端产生了塑性铰[3]。因此,对 SRCS 中梁柱构件抗震性能的研究格外重要。对 SRCS 及其梁柱构件,国内外都做过大量的研究。

在抗震设计方法方面,"两阶段三水准设计"这一设计方法主要是通过构造和承载力来保证构件的延性性能的[4]。在结构层面上,型钢混凝土结构中各个随机变量对结构地震需求及结构地震易损性影响的研究较少,所以很有必要就这一问题展开深入研究,本书主要用重要性分析方法研究这一问题。

二、研究意义

型钢混凝土结构的应用越来越广泛[5],因而研究整体结构的相应性能非常重要。在不同的抗震水平下,型钢混凝土结构本身的易损性的确定也是非常重要的,这方面的研究较多;但在易损性指标的选择上,往往选择各层层间位移角的最大值这一指标,而没有考虑各个楼层最大层间位移角的相关性这一问题。

地震动强度以及结构中的随机变量对结构地震需求及结构地震易损性具有非常大的影

响,所以研究这种影响对结构地震易损性具有重要的基础意义,重要性测度分析是一种很好的研究这种影响的方法,能够较全面地得到地震动强度以及各个结构随机变量对结构地震需求及结构地震易损性的影响水平。在以上研究的基础上,利用增量动力分析这种方法对型钢混凝土结构的易损性进行相关研究能够比较全面地研究型钢混凝土结构的抗震性能。结构地震易损性分析是一种基于概率的结构抗震分析方法,本书的研究意义具体主要体现在以下几个方面:

(1)通过地震动强度和结构中的各个随机变量对结构地震易损性和结构地震需求的重要性测度分析,得到前者对结构地震易损性及结构地震需求的影响,筛选出对结构地震易损性及结构地震需求影响显著的随机变量。在结构抗震设计中可以将这些变量的值调高到较高的水平,提高结构的抗震能力,并可以重点考虑影响显著的随机变量,忽略影响较小的随机变量,从而提高结构抗震分析的效率。

(2)对评估结构的抗震水平具有参考意义。通过计算考虑楼层相关性的结构地震易损性,评估在不同地震动强度水平下框架结构的易损性水平,可以得到框架结构的抗震水平,并可分析楼层的相关性对整体框架结构易损性的影响。

(3)普通 Monte-Carlo(MC)抽样法是最常用的抽样方法,一般认为用这种方法得到的结果为精确解,但这种方法需要的样本数量巨大,因而对大型复杂结构而言,需要的计算时间很多,计算成本巨大。因此,对抽样方法进行研究,给出高效抽样方法,可以减少大型复杂结构重要性分析的样本数量。

第二节　研　究　现　状

一、结构中随机变量的敏感性分析研究现状

在不确定性分析领域,全面研究输出响应受输入随机变量的影响方面,一般用灵敏度表示这种影响。众多学者对结构系统的灵敏度进行了大量的研究,Ratto 等[6]将 SDP 模型应用到基于方差的重要性测度分析中,提高了分析效率,这对复杂的结构系统模型重要性测度分析来说,可以大大降低样本数量;钟祖良等[7]对隧道的围岩压力相关的计算参数进行了敏感度分析,得到了各个计算参数对隧道围岩压力的具体影响规律;李思等[8]对比热容、围岩导热系数和赋存温度 3 个因素进行了寒区隧道温度场影响的敏感性分析,发现 3 个因素的影响有明显的差异;叶继红等[9]在考虑了局部损伤对整体结构影响的基础上,对结构冗余特性进行了响应敏感性研究,提出了以整体结构应变能对构件材料的敏感性极值这一冗余度评价指标,对结构应变能敏感性的冗余度进行了评价。

灵敏度分析的类型有全局灵敏度分析和局部灵敏度分析两种。局部灵敏度分析是传统意义上的灵敏度分析,一般用输出反应量的统计性能特征对输入随机变量的偏导进行描述。这种方法只考虑了输入随机变量的名义值对输出反应量统计特征的影响,不能表示输入随机变量完整的统计意义上的不确定性如何影响输出反应量的统计特征[10]。而全局灵敏度分析[11],基于输入随机变量完整的统计意义上的不确定性范围[12],衡量输入随机变量对工程中输出反应量的统计特征的影响[13]。这类方法又称为重要性测度分析。

常用的结构系统重要性测度分析方法是基于方差的重要性测度分析方法[11],此外,

Tang 等[14]采用了一种基于信息熵的重要性测度分析方法。方差重要性分析方法有 Monte-Carlo 数值模拟法[15]、态相关参数法[16]、点估计法[17]和回归法[18]等几种形式,这类方法有以下几个优点[19]:① 可以通过总测度指标反映各个随机变量之间的交互影响;② 能够反映随机变量在整个变化范围内变化时,对输出反应量方差的影响;③ 可以对随机变量进行分类讨论;④ 对于任何输入-输出模型具有普遍适用性。需要指出的是,这类方法隐含假设了方差可以完整地描述输出反应量的不确定性。尽管如此,这类方法具有以上优点,所以仍然是最受欢迎的重要性分析方法。

前已述及,在对结构的地震需求进行分析时,要同时考虑地震动强度和结构中的随机变量[20]。Mackie 等[21]用拉丁超立方抽样方法,基于概率地震需求进行了桥梁结构地震需求分析,分离了桥梁中随机变量的随机性和地震动强度的随机性。Padgett 等[22]基于方差分析,对结构中的随机变量进行了敏感性分析,结果表明,在计算精度得到保证的情况下,通过筛选随机变量可以使计算效率得到显著的提升。王晓伟等[23]研究了各个随机变量对桥梁结构地震反应的影响,结果表明,在所研究的各个随机变量中,液化松砂层的内摩擦角影响较大,而钢筋、混凝土强度和密砂层各随机变量的敏感性很低。

董现等[24]针对 Monte-Carlo 数值模拟法未考虑各个参数的相关性以及计算效率低等问题,采用混沌粒子群算法,通过等效变换考虑相关性的参数随机序列,进行了结构的随机性分析,并提出了灵敏度度量方法,结果表明,所提出的方法能够很好地反映各个随机变量对结构响应的灵敏性。叶生[25]对桥梁抗震性能的研究表明,距离和震级两个随机变量对桥梁结构地震需求的影响是耦合的,相对而言,震级对其影响较大,而且距离和震级对周期不同的桥梁的敏感度存在一定区别。

Ge 等[26]研究了底部部分填充混凝土的钢柱的地震需求,Peter 等[27]提出了单自由度系统的地震需求简单的公式和长周期范围。陈亮等[28]发现高频区段反应谱对结构地震需求影响显著。刘骁骁等[29]基于概率地震需求分析,计算了框架结构的多维地震易损性,描述了多维响应参数敏感的结构破坏行为。

尹犟等[30]对混凝土框架结构进行了敏感度分析,应用了多种方法估计了 4 种结构地震需求对随机变量的敏感度,并进行了重要性排序,结果表明,结构地震需求受地震动强度的影响最大,其他随机变量影响较小。于晓辉等[31]提出了进行概率地震需求分析的高效方法,并计算得到群体结构地震易损性,使海量的非线性时程分析结果得到有效处理。宋帅等[32]为了分析各随机变量对桥梁地震需求的影响,指出应对各随机变量进行重要性排序;对连续梁桥和简支梁桥进行动力非线性时程分析以后,采用重要性分析方法,得到了各个随机变量的重要性测度指标;结果表明,随机变量的重要性排序有所差别,但是支座剪切模量、阻尼比和结构质量等均排在前列,与 Tornado 图形法相比,重要性分析方法更加合理。

徐强等[33]研究了在地震作用下防屈曲支撑钢框架的结构损伤,建立了地震损伤模型,并求出了钢框架的损伤指数范围;同时考虑了各种不确定性因素对防屈曲支撑钢框架的影响,进行了增量动力分析,发现在非倒塌状态下以最大层间位移角为传统评价指标时易损性曲线与以损伤指标为评价指标时的相差很小。周世军等[34]基于高速铁路桥已有统计数据,用概率地震需求模型对预应力混凝土简支箱梁桥构件的地震需求进行了研究,发现线性回归方法产生的概率需求模型不如二次回归分析法可靠。

二、型钢混凝土结构抗震性能研究现状

（一）型钢混凝土构件研究现状

梁柱构件的抗震性能,跟整个结构的抗震性能有着非常密切的关系,梁柱构件的抗震性能的好坏直接影响到结构的安全与否。对梁柱构件的抗震性能,国内外做了大量的研究工作,尤其近些年,随着复杂建筑的大量出现,对构件的个性化需求越来越多,故而近些年国内外对特殊形式的梁柱构件做了大量的的研究。在复杂建筑中,SRC 构件的应用越来越广泛,对型钢混凝土梁柱的研究也如雨后春笋般大量出现,比如:

陈步青等[35]为研究集中载荷作用下型钢混凝土深梁的受剪性能以及机理,将型钢截面高度比、剪跨比、翼缘宽度比作为变化参数,设计了 7 个试件进行了抗剪性能试验,提出了基于修正压力场理论的型钢混凝土深梁受剪承载力计算方法。该研究结果表明,剪跨比是影响型钢混凝土深梁破坏形态的决定性因素,且提出的计算方法能够跟试验结果匹配。

史本龙等[36]设计了 11 个型钢混凝土柱,高温后对其进行了抗震性能试验,在构件的升降温过程中对构件施加了固定不变的轴向力,高温后一直保持此轴向力的大小不变;研究发现,与常温试件相比,高温后在反复载荷的作用下,型钢混凝土柱的延性会有所提高,轴压比越大越明显。邓飞等[37]设计了分散型钢混凝土柱 4 个,进行了低周往复加载试验,试验时使偏心率为 10% 和 15% 两种,加载时采用了与传统的低周往复试验不同的加载方式,试验中同时施加了竖向和水平两个方向的载荷。该试验结果显示,试件均发生了压弯破坏,在整体受力的过程中,各个构件的整体性表现良好;当偏心率小时,截面与平截面假定符合得较好;各个试件的耗能能力在低周往复载荷的作用下表现良好,并且偏心率越小耗能能力越好。

孙艳等[38]为了考虑地震损害的影响,采用了材料性能折减的方法用有限元软件对型钢混凝土柱进行了数值模拟。该研究结果表明,轴压比增加时构件的极限位移会下降;随着碳纤维布加固层数的增加,构件的极限位移会提高一些;当所受地震损害程度增大时,加固后构件的抗震能力会有所降低。蔡新江等[39]研究了型钢混凝土柱(“十”字形)的抗震性能。该试验结果表明,轴压比减小时,各个构件的力学特征值都是增加的,但是弹性刚度确是基本不变的;采用相同的加载条件及试验方法的情况下,轴压比小的试件到达最大载荷后刚度退化较慢;与对比试件的拟静力试验相比,由于地震载荷具有随机性这一特点,各个试件在本次混合试验中所表现出来的抗震性能受到比较严重的影响,往往会出现某一个方向的刚度和承载力指标降幅很大的现象;经受地震损伤的做过混合试验的构件的残余承载力仍然比较大。

龚超等[40]通过两根 1∶3 缩尺的高强型钢混凝土组合短柱的抗震性能试验发现,这种短柱是抗震性能良好的一种构件;从骨架曲线和滞回曲线上看,在加载后混凝土与钢骨之间出现了明显的黏结滑移现象,随着裂缝的变宽两者之间的黏结失效,由于型钢的存在,构件的承载能力仍然良好,直到钢骨发生屈服;等效黏滞阻尼系数在试验构件到达极限状态时仍然远远大于普通钢筋混凝土构件的,说明其抗震耗能能力良好。史庆轩等[41]采用了有限元软件进行数值模拟,模拟了一种高效型型钢混凝土柱的抗震性能,通过对比试验结果验证了其有效性,从而模拟了大量的不同加载制度之下这种构件的抗震性能。该研究结果显示:与不变轴力的作用相比,抗震性能表现较差;在位移循环次数越小的情况下,构件的抗震耗能

越小。

郭子雄等[42]制作了型钢混凝土柱缩尺模型,比例为 1∶2,试验的研究参数为体积配箍率、剪跨比以及配箍形式。研究发现:当配箍形式采用矩形箍加角箍的形式时,型钢混凝土框架柱滞回性能良好,而且可以避免纵筋过早屈服,而且这种配箍形式施工方便,工程上可以大力推广;当体积配箍率越小时,框架柱的抗震变形能力越低,构件的强度降低得越快;井字复合箍与八角复合箍相比,有效约束和高效混凝土的能力较低,抗震耗能能力较差;框架柱的耗能能力随着剪跨比的减小而呈现降低的趋势。

彭宇韬等[43]设计 3 根椭圆形约束型钢混凝土柱,进行了水平往复载荷和恒定轴压试验,分析了多种因素对抗震性能的影响。结果表明,均为弯曲破坏,破坏主要在柱根部,另外基于 OpenSees 建立了数值模型。

此外文献[44-46]也对型钢混凝土构件做了相应研究。

(二)型钢混凝土框架结构研究现状

框架结构是型钢混凝土结构中的重要结构形式,应用比较广泛,国内很多学者对 SRC 框架结构的抗震性能做了比较多的试验,例如:

周理等[47]考虑多个参数变化,制作了 12 个缩尺试件,研究了型钢混凝土节点的抗冲切性能。结果表明,此节点的延性性能好;给出了其抗冲切承载力公式,试验值与计算值能够很好地吻合。

李玉荣[48]以现有 SRC 框架结构的研究成果为基础,通过 SRC 转换框架结构的低周反复载荷试验和振动台试验,结合有限元软件的模拟分析,对地震作用下的 SRC 转换框架及其在整体结构中的抗震性能做了比较深入的研究;通过理论研究和现场实测,对 SRC 转换梁在施工阶段的收缩变形、徐变以及受力性能进行了研究。胡宗波[49]对一个空间 SRC 异形柱框架进行了振动台试验,发现其性能表现良好,随着地面运动加速度峰值的增大,结构的自振周期不断变大,结构的竖向振动反应较小;当地面运动加速度峰值较大时,层间刚度快速减小。

高峰等[50]通过竖向拟静力试验,研究了 2 榀预应力型钢混凝土框架结构的破坏机理以及多种抗震性能。该研究结果表明,预应力型钢混凝土框架梁的破坏机制是梁铰破坏,这种框架结构破坏时的耗能能力良好。薛建阳[51]对实腹式型钢混凝土平面框架结构进行了振动台试验,试验结果表明,随振动台台面 PGA 的增大,结构顶层加速度有逐步变大的趋势,同时因为弹塑性的发展,动力放大系数不断地变小;型钢混凝土框架底层的层间相对位移较大,并且在型钢混凝土框架的柱脚处形成塑性铰,这是由于柱脚是整个框架较薄弱的环节。

傅传国等[52]对 2 榀型钢混凝土框架进行了拟静力试验,发现预应力型钢混凝土梁性能良好,可以减小裂缝的宽度,以试验为基础,提出了预应力型钢混凝土框架的恢复力模型,分析结果与试验结果比较一致。赵世春等[53]对型钢混凝土框架结构进行了拟动力试验,试验结果表明:这种框架的滞回曲线比一般的型钢混凝土框架的滞回曲线饱满,消耗能量的能力更强,不会出现明显的捏拢现象;在地震作用下,剪切型的型钢混凝土框架柱的破坏和变形一般集中在塑性区,框架柱两端会不同程度地出现塑性铰;即使变形程度很大,这种框架结构仍能承受竖向载荷,"大震不倒"这一设计原则更能得到保证。

张雪松[54]对 1 榀模型缩尺比为 1∶3 的框架进行了拟静力试验,试验结果表明,型钢混凝土框架结构承载力高,耗能能力强,削弱型钢的翼缘时,型钢混凝土框架结构的抗震性能有所提高，并且能降低节点核心区域的剪力和梁柱的连接焊缝位置处的应力，将塑性铰从梁的根部转移到削弱翼缘的部位。李奉阁等[55]对2榀由钢梁和型钢混凝土柱所组成的1跨1层框架结构进行了拟静力试验，试件依照"弱柱强梁"的原则进行设计。该试验结果表明，这种框架结构的滞回环在加载的后期比较饱满，刚度和强度的退化缓慢，具有良好的抗震能力；但是这种框架结构存在缺点，钢筋和型钢与混凝土的界面会出现黏结滑移，滞回曲线会出现明显的捏拢现象。

邓国专[56]对1榀缩尺比为1∶4的型钢高强混凝土框架结构进行了拟静力试验，结果表明，型钢高强混凝土框架结构发生了梁铰破坏，承载力较高，能够满足设计要求；并且滞回环呈饱满的梭形，说明其延性较好，具有良好的抗震性能。薛建阳等[57]对型钢再生混凝土框架结构进行了拟静力试验，观察了其破坏过程，发现这种框架结构有良好的延性性能，抗倒塌能力和变形能力良好。

第三节　现有研究中存在的问题

通过阅读国内外文献，发现现有研究中存在以下问题：

（1）普通Monte-Carlo抽样法[11]在抽样时需要双层抽样，样本数量巨大，用有限元软件对结构进行建模和运算要耗费相当多的时间，计算成本过高。所以很有必要用新的高效抽样方法，用尽量少的样本得到较好的结果。

（2）在结构的地震易损性分析中，型钢混凝土框架结构中的不确定性因素较多[58]，且这些不确定性因素对型钢混凝土框架结构地震需求以及地震易损性的影响研究较少。因此，需要采取有效的研究方法对这些不确定性因素进行深入研究，确定对型钢混凝土框架结构的地震需求以及地震易损性影响显著的随机变量，在地震易损性分析中重点考虑其影响，提高计算效率，并在设计中优化这些随机变量，提高型钢混凝土框架结构的抗震性能。

（3）用现有的重要性测度分析方法研究随机变量对结构地震需求的影响时，都是从平均的角度来研究输入随机变量对输出响应量的影响[11]，这显然会导致输入随机变量对输出反应量的影响信息不能完全反映，会损失掉一些重要信息。所以有必要采用能够详细描述输出反应量统计特征的方法进行重要性测度分析。

（4）方差重要性分析是最常用的重要性分析方法，这种方法隐含的假定方差可以完整地描述输出反应量的不确定性[11]，然而，这并不能充分描述结构地震需求的不确定性。所以有必要引入可以充分反映输入随机变量的完整不确定性影响输出反应量的重要性分析方法，并将其应用于输入随机变量对结构地震需求以及地震易损性的重要性分析。

第四节　本书的研究内容

针对第三节中的现存问题，本书的研究内容如下：

（1）基于新抽样方法的随机变量方差重要性分析

汇总了型钢混凝土框架结构中的随机变量的统计特征；介绍了现有的重要性测度分析方法；现有的抽样方法需要的样本数量较多，这对大型结构是巨大的挑战，所以本书给出一种高效抽样方法，拟在样本数量较少的情况下，较准确地研究各个随机变量对输出量的影响,并给出其对应的方差重要性测度指标。以此为基础,对型钢混凝土框架结构进行非线性时程分析,得到 4 种结构地震需求;对其进行重要性分析,得到各个随机变量对结构地震需求以及地震易损性的方差重要性测度指标;分别分析随机变量对结构地震易损性和地震需求的影响水平,然后分别得到对结构地震易损性和地震需求影响较大和较小的随机变量。与此同时,对比了基于普通 Monte-Carlo 抽样法的方差重要性测度指标,并采用常用的局部敏感性分析方法——Tornado 图形法进行了局部敏感性分析,将其与基于本书给出的抽样方法的方差重要性分析的结果进行了对比,以充分验证本书给出方法的有效性和准确性。

（2）基于机器学习算法的随机变量重要性分析

本书第二章给出了高效抽样方法,并给出了相应的方差重要性测度指标,此方法大大减少了总样本数量,但仍然需要设置每一个随机变量的实现值,所需要的样本数量仍然较大,比如当样本矩阵中 $N=1\ 024$ 时,本书研究了 8 个随机变量,需要的总样本数量仍然高达 $1\ 024 \times 9$ 个。基于此,本书将最小角回归(LARS)、支持向量机(SVM)和神经网络分位数回归(QRNN)等机器学习算法应用于重要性分析;以此为基础,对型钢混凝土框架结构进行重要性分析,得到各个随机变量对结构地震需求和结构地震易损性的重要性测度指标,并对比了由第二章给出的新抽样方法得到的方差重要性测度指标,以验证其有效性和准确性。

其中基于 QRNN 的重要性分析方法能够详细描述输出响应量在其分布范围内的统计特征,得到在各种不同分位数条件下,随机变量对地震需求以及地震易损性的影响。

（3）基于矩独立及信息熵的随机变量重要性分析

将矩独立及信息熵重要性测度分析方法应用于输入随机变量对结构地震需求以及地震易损性的重要性分析,以充分反映输入随机变量的完整不确定性对输出反应量的影响。对信息熵理论进行了阐述,并给出信息熵重要性测度指标,将正交多项式估计(Orthogonal Polynomial Estimation,OPE)方法应用到随机变量对地震需求的矩独立和信息熵重要性测度指标的求解中,并利用常用的核密度估计法进行对比,以验证矩独立和信息熵分析方法的准确性。

第二章　随机变量方差重要性分析

本章汇总了型钢混凝土框架结构中的随机变量的统计特征;介绍了现有的重要性测度分析方法;现有的抽样方法需要的样本数量较多,这对大型结构而言是巨大的挑战,所以本书给出高效抽样方法,拟在样本数量较少的情况下,较准确地研究各个随机变量对输出量的影响,并给出了其对应的方差重要性测度指标。以此为基础,对型钢混凝土框架结构进行非线性时程分析,得到 4 种结构地震需求;对其进行重要性分析,得到各个随机变量对结构地震需求以及地震易损性的方差重要性测度指标;分别分析随机变量对结构地震易损性和地震需求的影响水平,然后分别得到对结构地震易损性和地震需求影响较大和较小的随机变量。与此同时,对比了基于普通 Monte-Carlo 抽样法[11]的方差重要性测度指标,并采用常用的局部敏感性分析方法——Tornado 图形法[30]进行了局部敏感性分析,将其与基于本书给出的抽样方法的方差重要性分析的结果进行了对比,以充分验证本书给出方法的有效性和准确性。

第一节　随机变量汇总

在型钢混凝土框架的结构地震需求和地震易损性分析中,不确定性因素主要有材料的不确定性,分析模型的不确定性以及地震动强度的不确定性等。其中,地震动强度的不确定性对结构地震需求和地震易损性的影响最大[59]。通过整理分析现有的研究成果,发现应考虑的随机变量主要包括:

(1)钢筋的屈服强度(f_y)

根据混凝土结构设计规范[60],钢筋的屈服强度 f_y 服从对数正态分布,并给出了 f_y 的标准值,但未给出变异系数等统计信息。本书钢筋的强度均值 f_{sm} 采用下式计算:

$$f_{sm} = \frac{f_{sk}}{1 - 1.645\delta} \tag{2-1}$$

式中,δ 为钢筋强度的变异系数,取 0.078[30];f_{sk} 为钢筋的强度标准值。

(2)钢筋的弹性模量(E_s)

研究表明[61],E_s 服从正态分布,并建议 E_s 的变异系数取 0.033。因此借鉴此成果,本章将 E_s 的变异系数确定为 0.033。

(3)结构质量(M_s)

本书分析模型的不确定性通过结构质量考虑,文献[62]将结构质量 M_s 确定为结构的重力载荷代表值,标准差取平均值的 0.10,并认为 M_s 服从正态分布。欧进萍等[63]提出将结构的重力载荷的变异系数确定为 0.10。基于此,本书认为 M_s 服从正态分布,变异系数取 0.10,其均值取重力载荷代表值。

（4）阻尼比（D_A）

根据 Nielson 等的研究[64]，阻尼比这一随机变量近似服从正态分布，对钢筋混凝土结构而言，阻尼比的变异系数建议取 0.2，数学期望建议取 0.05，本书参考这一成果。

（5）混凝土强度（f_c）

根据文献[60]可知，混凝土强度 f_c 服从正态分布，混凝土强度的均值 f_{cm} 可由其标准值 f_{ck} 计算得到：

$$f_{cm} = \frac{f_{ck}}{1 - 1.645\delta} \tag{2-2}$$

式中，δ 为混凝土强度的变异系数，参考文献[60]进行取值。例如通过计算可以得到 C40 混凝土的抗压强度均值为 34.82 N/mm^2。

（6）混凝土的弹性模量（E_c）

Mirza 等[65]发现 E_c 近似服从正态分布，建议 E_c 的变异系数取 0.08，本书参考这一成果，并根据参考文献[60]中的混凝土的弹性模量的标准值计算其平均值。

（7）型钢的屈服强度（f_{ys}）

本书型钢屈服强度的标准值按照参考文献[60]取值，并根据参考文献[60]认为其服从正态分布，变异系数参考钢筋的屈服强度进行取值。

（8）型钢的弹性模量（E_{ss}）

E_{ss} 可参考钢筋的弹性模量进行取值。

第二节　重要性测度分析方法

局部敏感性分析是不确定性分析领域传统的研究方法，通过分析输入随机变量在指定的名义值处变化时输出反应量的变化来研究输入随机变量对输出反应量的影响程度[10]。除此之外，还有一种不确定分析领域的研究方法：重要性测度分析方法，这是一种全局敏感性分析方法，可以研究输入随机变量在所有可能的取值处变化时，输出反应量的变化情况[66]。

对随机变量重要性测度进行分析以后，可以得到随机变量的重要性测度指标，Iman 等[67]提出了三种重要性测度指标及计算公式：

$$UI_1(i) = \sqrt{\mathrm{Var}(Y) - E[\mathrm{Var}(Y|X_i)]} \tag{2-3}$$

$$UI_2(i) = \mathrm{Var}[E(\log Y|X_i)]/\mathrm{Var}(\log Y) \tag{2-4}$$

$$UI_3(i) = (Y_\alpha^*/Y_\alpha, Y_{1-\alpha}^*/Y_{1-\alpha}) \tag{2-5}$$

式中，$Y_{1-\alpha}^*$、Y_α^* 和 $\mathrm{Var}(Y|X_i)$ 以及 $Y_{1-\alpha}$、Y_α 和 $\mathrm{Var}(Y)$，分别为随机变量 X_i 取某个实现值的条件分布以及无条件分布时，输出反应量 Y 的 $1-\alpha$ 分位点、α 分位点和方差。

Satelli[11]给出了随机变量重要性测度指标满足的条件：“通用性”、“可量化性”和“全局性”。参考文献[68]给出了一种重要性测度指标，可以全面反映随机变量的分布对输出反应量分布特性的平均影响，是一个物理意义明确的量，重要性测度可以把随机变量的不确定性与输出反应量的不确定性联系起来[69]。用重要性测度指标可以确定各个随机变量的不确定性对输出反应量影响的程度，进而可以确定它们的优先级别，即确定随机变量重要性次序，甚至可以定义出未知参数[70]，最终得到不确定范围较小的输出反应量[19]。这提供了一个可以有针对性地改善结构模型的有效新方法,因而,近年来对随机变量的重要性测度成为工程可靠性领域的一个重要的研究方向。

对随机变量进行重要性分析的方法有基于方差的重要性分析[71]、基于信息熵的重要性分析[72-73]和基于矩独立的重要性分析[74]等。其中基于方差的重要性分析方法应用广泛,这种方法有以下几个优点[19]:

(1)可以通过总测度指标反映各个随机变量之间的交互影响。

(2)能够反映随机变量在整个变化范围内变化时,对输出反应量方差的影响。

(3)可以对随机变量进行分类讨论。

(4)对于任何输入-输出模型具有普遍适用性。

需要指出的是,这种方法隐含假设了方差可以完整描述输出反应量的不确定性,尽管如此,这种方法具有以上优点,所以仍然是最受欢迎的重要性分析方法。

Monte-Carlo 数字模拟法(简称 MC)是基于方差的重要性分析方法中常用的求解方法。

第三节 既有方法方差重要性测度分析

一、既有方法方差重要性测度指标

随机变量 X_i 的方差重要性测度指标 δ_i^v 可表示为[75]:

$$\delta_i^v = \frac{\mathrm{Var}[E(Y|X_i)]}{\mathrm{Var}(Y)} = \frac{E[E^2(Y|X_i)] - E^2[E(Y|X_i)]}{E(Y^2) - E^2(Y)} \tag{2-6}$$

式中,X_i 表示随机变量,$E(Y|X_i)$ 表示 Y 的条件样本值的数学期望。

二、求解方法

根据大数定律,Y 的无条件方差 $\mathrm{Var}(Y)$ 可表示为[32]:

$$\mathrm{Var}(Y) = \frac{\sum_{i=1}^{N}(Y_i - \bar{Y})^2}{N-1} \tag{2-7}$$

对于 Y 的条件样本值的数学期望的方差 $\mathrm{Var}[E(Y|X_i)]$,其求解顺序为:先求出 Y 的条件样本值的数学期望,然后求解 $\mathrm{Var}[E(Y|X_i)]$。

将 $\mathrm{Var}(Y)$ 及 $\mathrm{Var}[E(Y|X_i)]$ 代入式(2-6),即可得到基于方差的重要性测度指标 δ_i^v。

当用上述方法求解方差重要性测度指标时,样本量 N 越大计算越准确。

三、计算流程

在求解式(2-6)的方差重要性测度指标时,普通 Monte-Carlo 抽样法是最常用的抽样方法,下面介绍本书计算随机变量对型钢混凝土框架结构地震需求的方差重要性测度指标的具体步骤:

(1)根据各个随机变量的联合分布密度,抽取 N 个样本,用样本矩阵 A 表示:

$$A = \begin{bmatrix} X_1^{(1)} & \cdots & X_i^{(1)} & \cdots & X_n^{(1)} \\ X_1^{(2)} & \cdots & X_i^{(2)} & \cdots & X_n^{(2)} \\ \vdots & & \vdots & & \vdots \\ X_1^{(N)} & \cdots & X_i^{(N)} & \cdots & X_n^{(N)} \end{bmatrix} \tag{2-8}$$

然后利用 OpenSees 软件进行非线性时程分析,得到对应的 N 个结构地震需求无条件样本值。

（2）抽取样本矩阵 $\boldsymbol{B}$:

$$\boldsymbol{B} = \begin{bmatrix} X_1^{(N+1)} & \cdots & X_i^{(N+1)} & \cdots & X_n^{(N+1)} \\ X_1^{(N+2)} & \cdots & X_i^{(N+2)} & \cdots & X_n^{(N+2)} \\ \vdots & & \vdots & & \vdots \\ X_1^{(N+N)} & \cdots & X_i^{(N+N)} & \cdots & X_n^{(N+N)} \end{bmatrix} \tag{2-9}$$

（3）构造矩阵 $\boldsymbol{C}$,该矩阵是用矩阵 $\boldsymbol{A}$ 中的第 i 列中每一个元素代替矩阵 $\boldsymbol{B}$ 中第 i 列后得到的新矩阵,作为条件样本矩阵,即

$$\boldsymbol{C} = \begin{bmatrix} X_1^{(N+1)} & \cdots & X_i^{(j)} & \cdots & X_n^{(N+1)} \\ X_1^{(N+2)} & \cdots & X_i^{(j)} & \cdots & X_n^{(N+2)} \\ \vdots & & \vdots & & \vdots \\ X_1^{(N+N)} & \cdots & X_i^{(j)} & \cdots & X_n^{(N+N)} \end{bmatrix} \tag{2-10}$$

式中 $j=1,2,\cdots,N$。得到这样的 N 个样本矩阵 $\boldsymbol{C}$ 作为随机变量 X_i 的条件样本矩阵。然后利用 OpenSees 软件进行非线性时程分析,得到对应的 N^2 个结构地震需求条件样本值。

（4）基于第（1）步中得到的 N 个结构地震需求无条件样本值,利用式(2-7)求出结构地震需求无条件样本值的方差。

（5）基于第（3）步中得到的 N^2 个结构地震需求条件样本值,求出结构地震需求条件样本值的方差。

（6）将第（4）步中得到的无条件样本值的方差和第（5）步中得到的条件样本值的方差,代入式(2-6),即可求出随机变量对结构地震需求的方差重要性测度指标 δ_i^v。

第四节　基于高效抽样方法的方差重要性测度分析

一、方差重要性测度指标

本书所用的随机变量 X_i 的方差重要性测度指标 δ_i 是指:

$$\delta_i = \frac{|\operatorname{Var}(Y) - \operatorname{Var}(Y|X_i)|}{\operatorname{Var}(Y)} \tag{2-11}$$

式中,X_i 表示一个随机变量 X_i 或一组随机变量 $[X_{i_1},X_{i_2},\cdots,X_{i_r}]$ $(1 \leqslant i_1 \leqslant \cdots \leqslant i_r \leqslant n)$; $\operatorname{Var}(Y|X_i)$ 表示 Y 的条件方差,用下式求解:

$$\operatorname{Var}(Y|X_i) = \sum_{i=1}^{N} (Y_{i|x_j} - \bar{Y}_{i|x_j})^2 / (N-1) \tag{2-12}$$

需要指出的是,在求各个随机变量对结构地震易损性的方差重要性测度指标时,需要根据结构的性能状态,采用并统计出可达到相应性能状态的样本,根据这些样本的样本值进行计算。

二、计算流程

现有的抽样方法,需要成千上万的样本才能得到较好的结果,且在对结构进行有限

元模拟时要耗费大量的时间,针对这一问题,为了高效进行结构地震需求的重要性测度分析,本书给出一种比较高效的抽样方法,当样本数为几百时即可得到较好的结果。本书采用低偏差的 Sobol 序列进行抽样,图 2-1 给出了[0,1]上的 2 048 个样本的二维均匀分布,可见采用 Sobol 序列方法比普通随机抽样方法得到的样本能更均匀地填充在二维空间。

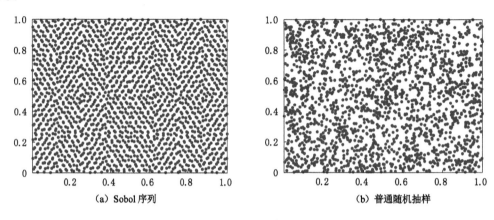

（a）Sobol 序列　　　　　　　　　　　　（b）普通随机抽样

图 2-1　样本对比

本书所用抽样方法的具体抽样过程如下:

（1）根据各个随机变量的联合分布密度抽取 N 个 Sobol 序列样本,用样本矩阵 $\boldsymbol{A}$ 表示。然后利用 OpenSees 软件进行非线性时程分析,得到对应的 N 个结构地震需求无条件样本值。

（2）抽取样本矩阵 $\boldsymbol{B}$,然后利用 OpenSees 软件进行非线性时程分析,得到对应的 N 个结构地震需求条件样本值。

（3）基于第(1)步中得到的 N 个结构地震需求无条件样本值,利用式(2-7)求出结构地震需求无条件样本值的方差。

（4）基于第(2)步中得到的 N 个结构地震需求条件样本值,利用式(2-12)求出结构地震需求条件样本值的方差。

（5）将第(3)步中得到的无条件样本方差和第(4)步中得到的条件样本方差同时代入式(2-11),最终求出随机变量对结构地震需求的方差重要性测度指标 δ_i。

第五节　算　例　1

本章以工程中常见的型钢混凝土框架结构为例,根据方差重要性测度分析方法,求出各个随机变量的方差重要性测度指标,并将随机变量对结构地震需求和结构地震易损性的影响做重要性排序,根据其结果分析各个随机变量对结构地震需求和结构地震易损性的影响是否显著,并筛选出对结构地震需求和结构地震易损性影响显著的随机变量。

一、结构概况

某 7 层 3 跨型钢混凝土框架结构,底层层高为 4.2 m,标准层层高为 3.6 m。其结构简图见图 2-2。柱距均为 6 m,楼板厚度为 0.12 m,混凝土保护层厚度为 25 mm,钢筋等级为 HRB335,混凝土等级为 C40,梁和柱的截面信息见表 2-1。

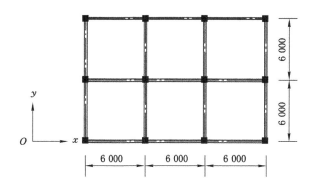

（a） 平面图（x 方向为结构纵向）

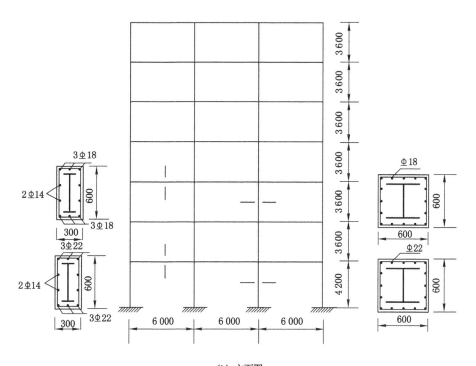

（b）立面图

图 2-2　结构简图

表 2-1　截面信息

楼层编号	梁截面尺寸/mm	梁配筋面积/mm²	柱截面尺寸/mm	柱配筋面积/mm²
1	300×600	2 280	600×600	6 082
2～7		1 526		4 072

本例用 OpenSees 软件进行非线性时程分析,地震动记录采用 El Centro(RSN6)原始记录,取自美国太平洋地震工程研究中心(PEER)的 NGA-West2 数据包,在框架结构两个方向同时加载。

根据第二章第一节的介绍,将型钢混凝土框架结构中的随机变量的概率分布特征及统计参数[76]做汇总,汇总结果见表 2-2。

表 2-2　随机变量的概率分布特征及统计参数

随机变量	符号	分布类型	均值	变异系数
钢筋的屈服强度/MPa	f_y	对数正态分布	384	0.078
钢筋的弹性模量/MPa	E_s	正态分布	228 559	0.033
结构质量/(kN·m⁻²)	M_s	正态分布	6	0.1
结构阻尼比	D_A	正态分布	0.05	0.2
混凝土抗压强度/MPa	f_c	正态分布	34.82	0.14
混凝土弹性模量/MPa	E_c	正态分布	33 904	0.08
型钢的屈服强度/MPa	f_{ys}	正态分布	396	0.078
型钢的弹性模量/MPa	E_{ss}	正态分布	228 559	0.033

注:表中结构质量为重力载荷代表值。

二、有限元模型

采用 OpenSees 软件对上述型钢混凝土框架结构进行非线性动力时程分析,以便得到结构的地震需求样本值。

型钢混凝土框架结构在地震作用下往往发生塑性破坏,因而本书采用非线性纤维梁柱单元对其进行模拟,将梁截面和柱截面划分为纵向钢筋、型钢、核心区混凝土和保护层混凝土等多种类型的纤维截面,分别采用的材料模型如下:

(1)纵向钢筋的材料模型

采用 OpenSees 软件中的 Steel02 单元来模拟纵向钢筋材料,Steel02 单元采用了参考文献[77]中的模型,钢筋变形方面的特性在这种模型中可以精确地被描述,因而此模型在结构抗震分析中有着广泛的应用,具体的表达式如下:

$$\sigma^* = b\varepsilon^* + \frac{(1-b)\varepsilon^*}{(1+\varepsilon^{*R})^{1/R}} \tag{2-13}$$

$$\varepsilon^* = \frac{\varepsilon - \varepsilon_r}{\varepsilon_0 - \varepsilon_r} \tag{2-14}$$

$$\sigma^* = \frac{\sigma - \sigma_r}{\sigma_0 - \sigma_r} \tag{2-15}$$

式中,R 表示考虑包辛格效应的参数;b 表示应变硬化的系数;ε_r 及 σ_r 分别为反向加载点的应变和应力;ε_0 及 σ_0 分别为屈服后的渐近线与初始渐近线的交点对应的应变和应力。

切线模量 E_s 即渐近线对应的斜率，可以表示为：

$$E_s = \frac{\mathrm{d}\sigma}{\mathrm{d}\varepsilon} = \frac{\sigma_0 - \sigma_r}{\varepsilon_0 - \varepsilon_r} \cdot \frac{\mathrm{d}\sigma^*}{\mathrm{d}\varepsilon^*} \tag{2-16}$$

$$\frac{\mathrm{d}\sigma^*}{\mathrm{d}\varepsilon^*} = b + \left[\frac{1-b}{(1+\varepsilon^{*R})^{1/R}} \right] \left[1 - \frac{\varepsilon^{*R}}{1+\varepsilon^{*R}} \right] \tag{2-17}$$

纵向钢筋的材料模型如图 2-3[32] 所示。

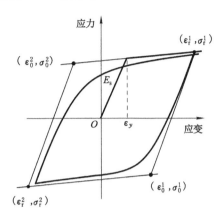

图 2-3　纵向钢筋的材料模型

（2）混凝土的材料模型

混凝土采用 OpenSees 软件中的 Concrete02 单元，采用这种单元进行模拟时，受压段采用的是常用的 Kent-Scott-Park 本构关系[78]，依据参考文献[79]来确定卸载的应力-应变关系。混凝土的材料模型如图 2-4[32] 所示。

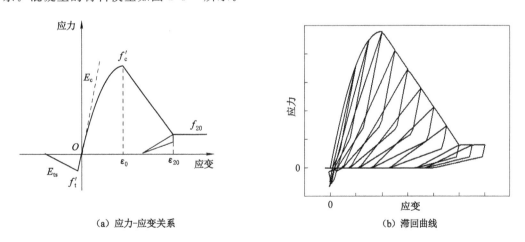

（a）应力-应变关系　　　　　　　　（b）滞回曲线

图 2-4　混凝土的材料模型

箍筋对混凝土有套箍效应，并且箍筋能够较明显影响应力-应变关系中下降段的斜率。这种模型用二次抛物线描述应力-应变关系中的上升段，用直线描述应力-应变关系中的下降段。可用下式表示：

$$\sigma_c = \begin{cases} Kf'_c\left[2(\varepsilon_c/\varepsilon_0) - (\varepsilon_c/\varepsilon_0)^2\right] & \varepsilon_c \leqslant \varepsilon_0 \\ Kf'_c\left[1 - Z(\varepsilon_c - \varepsilon_0)\right] & \varepsilon_0 < \varepsilon_c \leqslant \varepsilon_{20} \\ 0.2f'_c & \varepsilon_c > \varepsilon_{20} \end{cases} \qquad (2\text{-}18)$$

式中,f'_c 表示混凝土的最大压应力,K 表示考虑箍筋套箍效应时的增大系数,ε_0 表示最大压应力对应的应变,ε_{20} 表示残余应力 f_{20} 所对应的应变,Z 表示应变软化斜率。

其中:

$$\varepsilon_0 = 0.002K \qquad (2\text{-}19)$$

$$K = 1 + \frac{\rho_s f_{yh}}{f'_c} \qquad (2\text{-}20)$$

$$Z = \frac{0.5}{\dfrac{3 + 0.29f'_c}{145f'_c - 1\,000} + 0.75\rho_s\sqrt{\dfrac{h'}{s_h}} - 0.002K} \qquad (2\text{-}21)$$

式中,ρ_s 表示箍筋的体积配筋率,f_{yh} 表示箍筋的屈服强度,s_h 表示箍筋的间距,h' 表示核心混凝土的宽度。

另外,用直线表示受拉时的下降段和上升段:

$$f'_t = -0.07Kf'_c \qquad (2\text{-}22)$$

$$E_{ts} = f'_t/0.002 \qquad (2\text{-}23)$$

式中,f'_t 表示拉应力的最大值,E_{ts} 表示受拉段的软化刚度。

三、结构地震需求样本值

建立好各个样本的有限元模型以后,对其进行分析,进而得到顶点位移(Top Displacement)、基底剪力(Base Shear)、最大楼层加速度(Maximum Floor Acceleration)和最大层间位移角(Maximum Interlayer Displacement Angle)4 种地震需求的样本值。第二章第四节第二段"计算流程"第(1)步中结构横向顶点位移的无条件样本如图 2-5 所示。图 2-5 显示了顶点位移需求与各个随机变量之间的关系,从图 2-5(c)中可知,当 M_s 在 5 kN·m^{-2} 以下时,顶点位移需求有随着 M_s 的增大而增大的趋势,当 M_s 在 5 kN·m^{-2} 以上时,顶点位移需求有随着的 M_s 增大而减小的趋势;由图 2-5(d)可知,顶点位移需求有随着 D_A 的增大而减小的趋势。

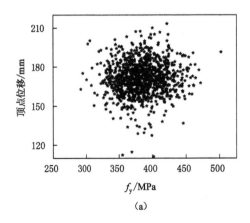

(a)

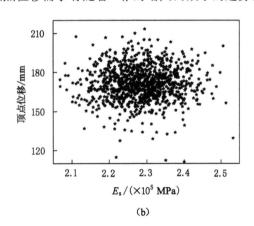

(b)

图 2-5 顶点位移需求-随机变量散点关系图

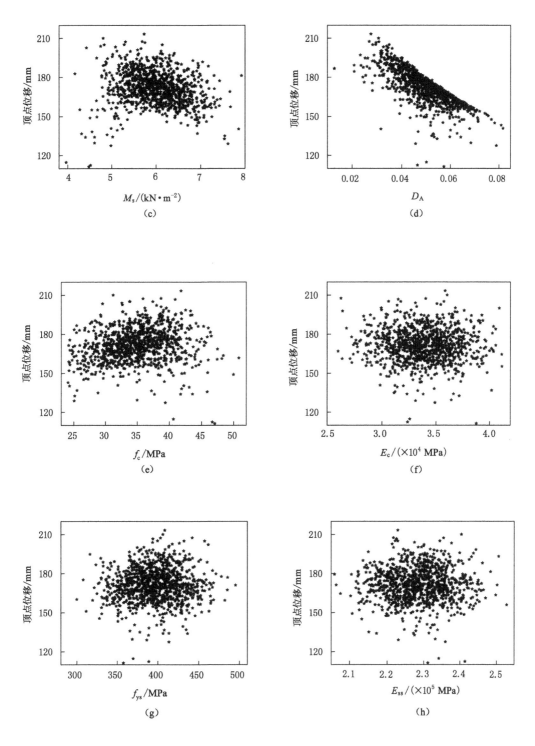

图 2-5(续)

四、随机变量对地震需求的重要性分析

（一）本书给出的抽样方法对应的方差重要性测度指标

（1）顶点位移需求

图 2-6 给出了随机变量对顶点位移需求的方差重要性测度指标。由图 2-6（a）可以看出，在结构纵向，D_A 对顶点位移需求的方差重要性测度指标最大，其余输入随机变量的方差重要性测度指标都较小；由图 2-6（b）可以看出，在结构横向，D_A 对顶点位移需求的方差重要性测度指标最大，M_s 和 f_c 次之，其余输入随机变量的方差重要性测度指标较小。由图 2-6（a）和图 2-6（b）可以看出，各个随机变量的方差重要性测度指标在样本矩阵对应的样本数量 $N<384$ 时变化较大，在 $N \geqslant 384$ 时趋于稳定。

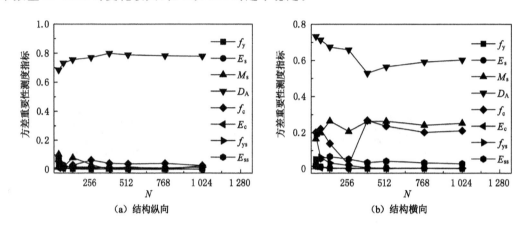

（a）结构纵向 （b）结构横向

图 2-6 随机变量对顶点位移需求的方差重要性测度指标

由图 2-6 可以看出，D_A 对结构顶点位移需求影响最大，E_{ss}、E_s 和 E_c 的影响都较小。

（2）基底剪力需求

图 2-7 给出了随机变量对基底剪力需求的方差重要性测度指标。由图 2-7（a）可以看出，在结构纵向，D_A 对基底剪力需求的方差重要性测度指标最大，M_s 次之，E_{ss}、E_s 和 E_c 的方差重要性测度指标都较小；由图 2-7（b）可以看出，在结构横向，f_c 对基底剪力需求的方差重要性测度指标最大，D_A 次之，E_{ss}、E_s 和 E_c 的方差重要性测度指标较小。

由图 2-7 可以看出，D_A 对结构基底剪力需求影响最大，各个随机变量对基底剪力要求的方差重要性测度指标在 $N<384$ 时变化较大，在 $N \geqslant 384$ 时趋于稳定。

（3）最大楼层加速度需求

图 2-8 给出了随机变量对最大楼层加速度需求的方差重要性测度指标。由图 2-8（a）可以看出，在结构纵向，M_s 对最大楼层加速度需求的方差重要性测度指标最大，D_A 和 f_c 次之，其余随机变量的方差重要性测度指标都较小；由图 2-8（b）可以看出，在结构横向，M_s 对最大楼层加速度需求的方差重要性测度指标最大，D_A 和 f_c 对最大楼层加速度需求的方差重要性测度指标较大，其余随机变量的方差重要性测度指标较小。由图 2-8（a）和图 2-8（b）可以看出，各个随机变量方差重要性测度指标在 $N<384$ 时变化较大，在 $N \geqslant 384$ 时趋于稳定。

由图 2-8 可以看出，M_s、D_A 和 f_c 对最大楼层加速度需求影响较大，E_{ss}、E_s 和 E_c 的影响

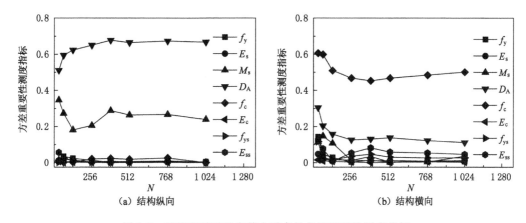

图 2-7　随机变量对基底剪力需求的方差重要性测度指标

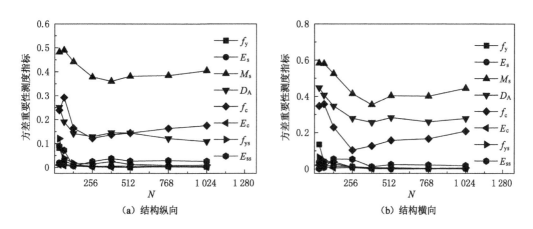

图 2-8　随机变量对最大楼层加速度需求的方差重要性测度指标

都较小。

（4）最大层间位移角需求

图 2-9 给出了随机变量对最大层间位移角需求的方差重要性测度指标。由图 2-9（a）可以看出，在结构纵向，D_A 对最大层间位移角需求的方差重要性测度指标最大，其余各个随机变量的方差重要性测度指标都较小；由图 2-9（b）可以看出，在结构横向，D_A 对最大层间位移角需求的方差重要性测度指标最大，E_{ss}、E_s 和 E_c 的方差重要性测度指标较小。

由图 2-9 可以看出，D_A 对结构最大层间位移角需求影响最大，各个随机变量的方差重要性测度指标在 $N < 384$ 时变化较大，在 $N \geqslant 384$ 时趋于稳定。

（二）与普通 Monte-Carlo 抽样法结果对比

图 2-10 给出了在结构纵向，采用本书给出的高效抽样方法以及常用的普通 Monte-Carlo 抽样法得到的方差重要性测度指标。由图 2-10 可知，采用本书给出的抽样方法得到的方差重要性测度指标与采用普通 Monte-Carlo 抽样法得到的方差重要性测度指标基本一致。需要特别指出的是，采用本书抽样方法需要的样本数量为 $N(n+1)$，而采用普通 Monte-Carlo 抽样法需要的总样本数量为 $N(nN+1)$（N 为样本矩阵的行数，即样本矩阵对

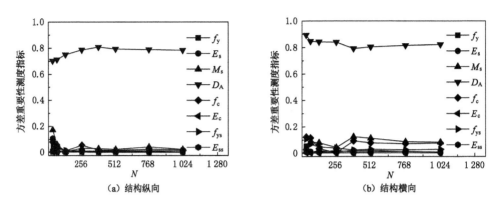

图 2-9　随机变量对最大层间位移角需求的方差重要性测度指标

应的样本数量, n 为随机变量的个数), 即前者总样本数量仅为后者的 $(n+1)/(nN+1)$, 可见采用本书的抽样方法所需要的样本数量会大大减少 (一般认为采用普通 Monte-Carlo 抽样法得到的结果为精确解)。

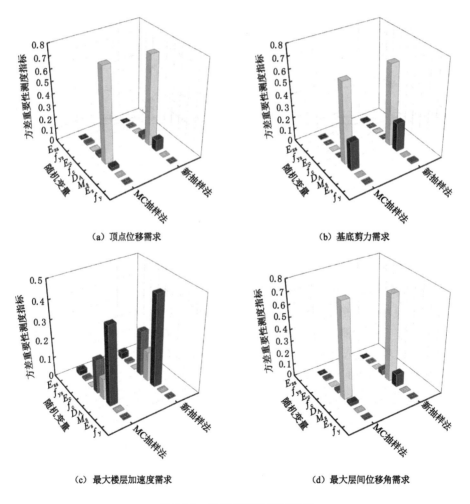

图 2-10　方差重要性测度指标

表 2-3 给出了两种方法的重要性排序[32]，由表 2-3 可知，除 M_s 和 f_c 对顶点位移需求的重要性排序，f_y 和 E_s 对最大楼层加速度需求的重要性排序不一样外，其余各个随机变量的重要性排序完全一样；并且这几个重要性排序不一致的地方，其对应的重要性指标相差很小。

表 2-3　随机变量的重要性排序

随机变量	顶点位移需求	基底剪力需求	最大楼层加速度需求	最大层间位移角需求
f_y	5-5	3-3	6-7	6-6
E_s	7-7	6-6	7-6	5-5
M_s	2-3	2-2	1-1	2-2
D_A	1-1	1-1	3-3	1-1
f_c	3-2	7-7	2-2	3-3
E_c	6-6	5-5	8-8	8-8
f_{ys}	4-4	8-8	5-5	4-4
E_{ss}	8-8	4-4	4-4	7-7

注：表中第 1 项为基于普通 Monte-Carlo 抽样法（MC 法）的方差重要性排序；第 2 项为基于本书抽样方法的方差重要性排序。

（三）与单因素敏感性分析结果对比

Tornado 图形法是一种单因素分析方法，最早应用于经济学领域，Porter 等[80]将 Tornado 图形法应用到结构敏感性分析中。Tornado 图形由多条具有一定宽度的水平横杠构成，其条数即输入随机变量的个数，其宽度代表结构地震需求变化幅度的大小。若某个输入随机变量对结构地震需求产生的影响较小，则对应的水平横杆较窄，否则较宽。确定各输入随机变量所对应的水平横杠的宽度[30]以后，按照从上到下由窄至宽的顺序排列[32]，图形的最终形态与龙卷风类似，所以又被称为 Tornado 图形法[81]，其基本原理如图 2-11[30]所示。

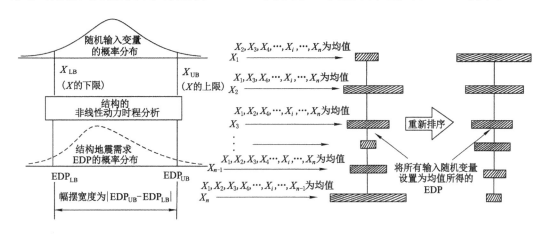

图 2-11　Tornado 图形法基本原理

Tornado 图形法分析结构输入随机变量敏感性的步骤为：

（1）首先确定结构地震需求的种类，如结构中的最大楼层加速度需求、基底剪力需求、最大层间位移角需求以及顶点位移需求等。

（2）任选 1 个输入随机变量 X_i，根据此随机变量概率分布的两个界限（例如分别取 10% 和 90%），确定其下限取值 X_{LB} 和上限取值 X_{UB}，并将 X_i 以外的其他各个输入随机变量取值为数学期望值，利用有限元模型对 X_{LB} 和 X_{UB} 的取值进行非线性时程分析，得到地震需求的下限值 EDP_{LB} 和上限值 EDP_{UB}。

（3）取 $|EDP_{UB}-EDP_{LB}|$ 为 X_i 对应的水平横杠的宽度，然后表示在图形中，并按照水平横杠的宽窄从上到下进行排序。

图 2-12 给出了各随机变量对结构纵向 4 种地震需求的 Tornado 图形法敏感性分析结果。由图 2-12(a)可知，D_A 对顶点位移需求的影响是最大的，M_s 和 f_c 次之，其余各随机变量的影响较小；由图 2-12(b)可以看出，D_A 和 M_s 对基底剪力需求的影响最大，E_s 和 E_c 的影响最小；由图 2-12(c)可以看出，M_s 和 f_c 对最大楼层加速度需求的影响最大，其余各随机变量的影响较小；由图 2-12(d)可以看出，D_A 对最大层间位移角需求的影响最大，M_s 和 f_c 次之，其余各随机变量的影响较小。

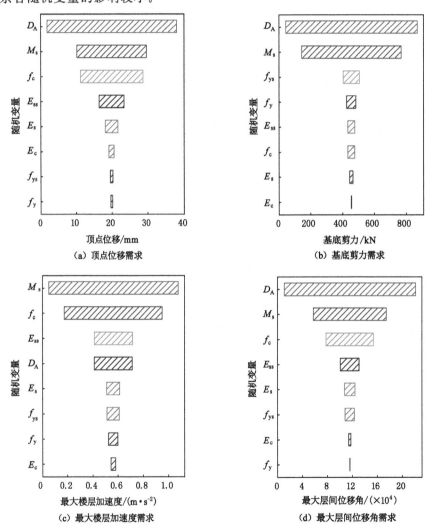

图 2-12 Tornado 图形法敏感性分析结果（结构纵向）

整体上,M_s 对结构纵向 4 种地震需求的影响较大,E_c 的影响较小。

图 2-13 给出了各随机变量对结构横向 4 种地震需求的 Tornado 图形法敏感性分析结果。由图 2-13(a)可知,D_A、M_s 和 f_c 对顶点位移需求的影响较大,E_s 和 E_c 的影响最小;由图 2-13(b)可以看出,f_c 对结构基底剪力需求的影响最大,M_s 次之,E_c 的影响最小;由图 2-13(c)可以看出,M_s 对最大楼层加速度需求的影响最大,f_c 和 D_A 次之,其余各随机变量的影响较小;从图 2-13(d)可以看出,D_A 对最大层间位移角需求的影响最大,M_s 和 f_c 次之,E_s 和 E_c 的影响最小。

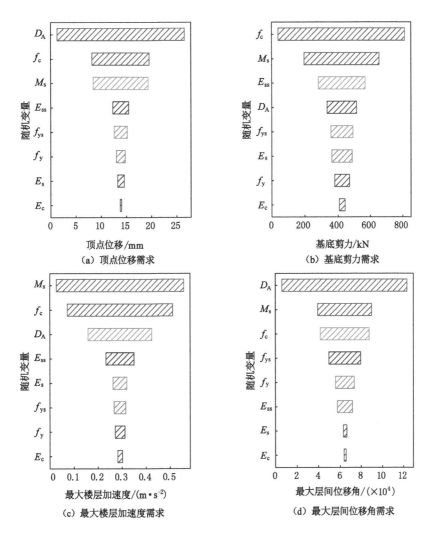

图 2-13　Tornado 图形法敏感性分析结果(结构横向)

整体上,M_s 对结构横向 4 种地震需求的影响较大,E_c 的影响最小。

表 2-4 给出了 $N=1\ 024$ 时,采用本书给出的抽样方法及对应的方差重要性测度指标,与 Tornado 图形法敏感性分析得到的重要性排序[32]。由表 2-4 可知,采用两种方法得到的随机变量的重要性排序虽然不完全相同,但基本一致。需要指出的是,本章得到的方差重要性测度指标是一种全局敏感性分析指标,而 Tornado 图形法敏感性分析是一种局部敏感性

分析方法，只能反映输入随机变量取特定的实现值时对输出反应量的影响，不能同时考虑其他随机变量的影响。两种分析方法的结果均表明：D_A 和 M_s 对绝大多数地震需求的影响较大，而 E_s、E_{ss} 和 E_c 对绝大多数地震需求的影响较小。

表 2-4　随机变量的重要性排序（$N=1\ 024$）

随机变量	顶点位移需求		基底剪力需求		最大楼层加速度需求		最大层间位移角需求	
	结构纵向	结构横向	结构纵向	结构横向	结构纵向	结构横向	结构纵向	结构横向
f_y	5-8	7-6	3-4	7-7	7-7	6-7	6-8	6-5
E_s	7-5	8-7	6-7	6-6	6-5	7-5	5-5	8-7
M_s	3-2	2-3	2-2	4-2	1-1	1-1	2-2	2-2
D_A	1-1	1-1	1-1	2-4	3-4	2-3	1-1	1-1
f_c	2-3	3-2	7-6	1-1	2-2	3-2	3-3	3-3
E_c	6-6	5-5	5-5	8-8	8-8	8-8	8-7	7-8
f_{ys}	4-7	6-5	8-5	5-5	5-6	5-6	4-6	4-4
E_{ss}	8-4	4-4	4-5	3-3	4-3	4-4	7-4	5-6

注：表中第 1 项为基于本书抽样方法的方差重要性排序；第 2 项为基于 Tornado 图形法的重要性排序。

五、随机变量对地震易损性的重要性分析

（一）型钢混凝土框架结构性能水平的定义

基于经验的结构地震易损性分析方法一般定性定义结构的性能水平，但基于理论的结构地震易损性分析方法需要定量描述结构的不同性能水平。

参考文献[4]将结构在地震作用下的性能水平分为正常使用、暂时使用、生命安全和接近倒塌 4 种，并分别给出 4 种性能水平的定性描述。为了评估各种性能水平下型钢混凝土框架结构的易损性，需要定义各种性能水平下型钢混凝土框架结构损伤指标的限值。参考文献[82]给出了型钢混凝土框架结构 4 种性能水平分别对应的限值，如表 2-5 所示。

表 2-5　结构性能水平的限值

正常使用	暂时使用	生命安全	接近倒塌
1/350	1/120	1/75	1/35

（二）分析结果

根据第二章第四节的求解方法，可以求出随机变量对地震易损性的重要性测度指标。本章求出了对结构纵向性能状态为暂时使用状态下，以最大层间位移角为损伤指标时的地震易损性的方差重要性测度指标。

图 2-14 给出了结构纵向各个随机变量对结构最大层间位移角需求与结构地震易损性的方差重要性测度指标。由图 2-14 可知，不管采用哪一种求解方法，D_A 对结构地震需求和地震易损性的方差重要性测度指标最大，E_c 和 E_s 的方差重要性测度指标较小；同一随机变量对结构地震需求和结构地震易损性的方差重要性测度指标有一定差别。

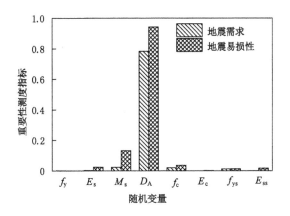

图 2-14 结构地震需求与地震易损性结果对比(结构纵向)

第六节 算 例 2

某型钢混凝土框架结构,与算例 1 中的结构类似,只是地震动作用方式和选取的地震动记录不同,选取的地震动记录如表 2-6 所示,PGA(地面运动加速度峰值)为 $0.6g$,作用于框架结构的纵向。

表 2-6 地震动记录

地震名称	序列号	发生时间	震级
Friuli_Italy-02	RSN130	1976 年	5.9
Big Bear-01	RSN902	1992 年	6.5
Northridge-01	RSN1083	1994 年	6.7
Northridge-01	RSN947	1994 年	6.7
Imperial Valley-02	RSN6	1940 年	7.0
Cape Mendocino	RSN3747	1992 年	7.0
TaiwanSMART1(45)	RSN578	1986 年	7.3

一、随机变量对地震需求的重要性分析

(一)基于本书抽样方法的方差重要性测度指标

图 2-15 给出了各随机变量对基底剪力需求和最大层间位移角需求的方差重要性测度指标。由图 2-15(a)可以看出,对选取的多数地震动记录来说,f_{ys} 和 f_c 对结构基底剪力需求的方差重要性测度指标较大,E_c 和 E_s 的方差重要性测度指标都很小,同时可以看出,不同地震动记录作用下,同一随机变量对基底剪力需求的方差重要性测度指标具有一定的离散性,即不同地震动记录作用下,同一随机变量对基底剪力需求的影响不同。

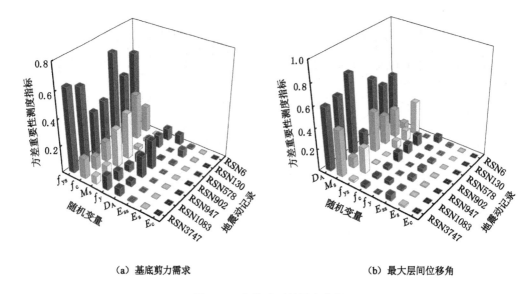

（a）基底剪力需求   （b）最大层间位移角

图 2-15   方差重要性测度指标

由图 2-15(b)可以看出，对选取的多数地震动记录来说，M_s 和 D_A 对结构最大层间位移角需求的方差重要性测度指标较大，E_c 和 E_s 的方差重要性测度指标都很小，同时可以看出，不同地震动记录作用下，同一随机变量对最大层间位移角需求的方差重要性测度指标具有一定的差异，即不同地震动记录作用下，同一随机变量对最大层间位移角需求的影响有所不同。

（二）Tornado 图形法敏感性分析结果

图 2-16 给出了在 RSN6 地震动作用下，各随机变量对结构纵向 4 种地震需求的 Tornado 图形法敏感性分析结果。由图 2-16(a)可知，D_A 对顶点位移需求的影响是最大的，其余各随机变量的影响较小；由图 2-16(b)可以看出，f_{ys} 对基底剪力需求的影响最大，f_c 和 f_y 次之，E_s 和 E_c 的影响最小；由图 2-16(c)可以看出，M_s 对最大楼层加速度需求的影响最大，D_A 和 f_c 次之，其余各随机变量的影响较小；由图 2-16(d)可以看出，D_A 对最大层间位移角需求的影响最大，f_{ys} 次之，E_c 的影响最小。

整体上，D_A 对结构纵向 4 种地震需求的影响较大，E_c 的影响最小。

图 2-17 给出了在 RSN902 地震动作用下，各随机变量对结构纵向 4 种地震需求的 Tornado 图形法敏感性分析结果。由图 2-17(a)可知，D_A 对顶点位移需求的影响是最大的，E_s 和 E_c 的影响最小；由图 2-17(b)可以看出，f_{ys} 对结构基底剪力需求的影响最大，M_s 和 D_A 次之，E_s 和 E_c 的影响最小；由图 2-17(c)可以看出，M_s 对最大楼层加速度需求的影响最大，f_{ys} 和 f_c 次之，E_c 的影响最小；由图 2-17(d)可以看出，M_s 对最大层间位移角需求的影响最大，f_c 和 D_A 次之，E_c 的影响最小。

整体上，相对而言，M_s 和 f_{ys} 对结构纵向 4 种地震需求的影响较大，E_c 的影响较小。

表 2-7 给出了在地震动记录 RSN6 和 RSN902 的作用下，各个随机变量对结构纵向 4 种地震需求的重要性排序[32]。由表 2-7 可知，采用两种方法得到的随机变量的重要性排序虽然不完全相同，但基本一致。

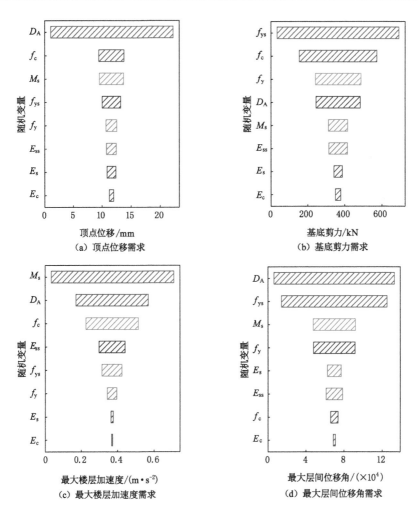

图 2-16　Tornado 图形法敏感性分析结果(RSN6)

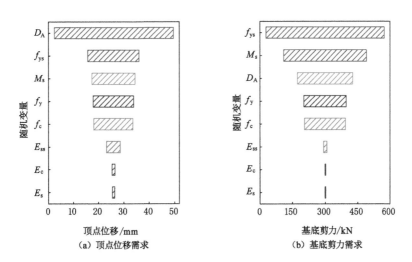

图 2-17　Tornado 图形法敏感性分析结果(RSN902)

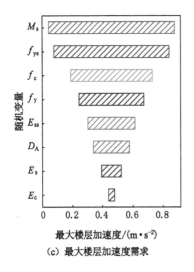
（c）最大楼层加速度需求

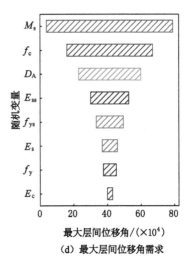
（d）最大层间位移角需求

图 2-17（续）

表 2-7　随机变量的重要性排序

随机变量	顶点位移需求		基底剪力需求		最大楼层加速度需求		最大层间位移角需求	
	RSN6	RSN902	RSN6	RSN902	RSN6	RSN902	RSN6	RSN902
f_y	4-5	4-4	3-3	4-4	5-6	3-4	4-4	6-7
E_s	6-7	8-8	6-7	6-8	7-7	6-7	6-5	5-6
M_s	2-3	3-3	7-5	2-2	1-1	1-1	3-3	1-1
D_A	1-1	1-1	4-4	3-3	2-2	5-6	1-1	2-3
f_c	3-2	6-5	2-2	5-5	4-3	4-3	7-7	3-2
E_c	8-8	7-7	8-8	8-7	8-8	7-8	8-8	8-8
f_{ys}	7-4	2-2	1-1	1-1	3-5	2-2	2-2	7-5
E_{ss}	5-6	5-6	5-6	7-6	6-4	8-5	5-6	4-4

注：表中第 1 项为基于本书抽样方法的方差重要性排序；第 2 项为基于 Tornado 图形法的重要性排序。

二、随机变量对地震易损性的重要性分析

图 2-18 给出了在 RSN902 地震动作用下，结构在生命安全性能状态下，各个随机变量以最大层间位移角为损伤指标时，采用本书抽样方法得到的随机变量对结构地震易损性的方差重要性测度指标。由图 2-18 可知，M_s、D_A 和 f_c 对结构地震易损性的方差重要性测度指标较大，E_c 和 E_s 的方差重要性测度指标较小，且采用各个方法得到的结果较一致。

由图 2-18 还可知，不管采用哪一种求解方法，D_A、f_c 和 M_s 对结构地震需求和地震易损性的方差重要性测度指标较大，E_c 和 E_s 的方差重要性测度指标较小；同一随机变量对结构地震需求和结构地震易损性的方差重要性测度指标值有一定差别，例如从该图中可以看出，M_s 对结构地震需求的方差重要性测度指标比对结构地震易损性的方差重要性测度指标要大。

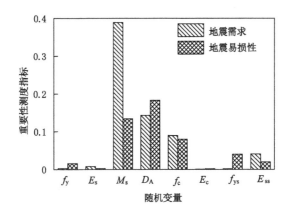

图 2-18　结构地震需求与地震易损性结果对比(RSN902)

第七节　模型的准确性验证

本书所建立的模型,缺少与之对应的振动台试验加以验证,因而本节中选取现有的两个框架结构的振动台试验对其准确性加以验证。对这两次试验结果进行建模时,采用与本书相同的材料模型。在分析时,根据相似关系将模型试验全部还原为原型,以便直观地观察试验结果。

一、型钢混凝土平面框架结构振动台试验

(一)结构概况

本算例来自参考文献[83],原型结构处于Ⅱ类场地,8度近震区,配重设置为设计配重的 64%,地面加速度记录采用 EL-Centro(1940NS),逐次输入的加速度峰值为 0.10g、0.19g、0.33g、0.38g,实腹式型钢由钢板焊接而成,腹板和翼缘厚度分别为 16 mm 和 24 mm,梁的尺寸为 320 mm×600 mm,柱的尺寸为 480 mm×480 mm,底层柱与其他各层柱的配筋有所不同,结构简图如图 2-19 所示。

根据模型的相似关系,可以得到混凝土试块的平均强度为 49.8 MPa,弹性模量为 3.15×10^4 MPa,钢材材料特性如表 2-8 所示,各工况下结构的阻尼比如表 2-9 所示。

表 2-8　钢材材料特性

材性指标	16 mm 钢板	24 mm 钢板	纵筋	箍筋
屈服强度/MPa	396	422.55	—	—
极限强度/MPa	548.7	645.6	414.3	455.1
弹性模量/MPa	2.805×10^5	2.655×10^5	—	—

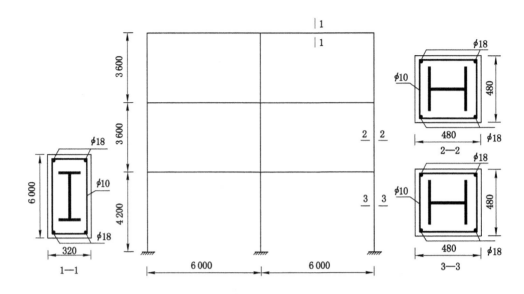

图 2-19 结构简图（平面框架结构）

表 2-9 结构阻尼比

PGA	0.10g	0.19g	0.33g	0.38g
阻尼比	0.032	0.037	0.040	0.081

（二）试验过程与现象

当输入地面运动加速度峰值 0.16g（原型对应 0.10g）后，边柱底部首先出现裂缝，然后一层柱和二层柱的上端也相继出现裂缝，一层边柱与梁连接的节点处出现宽度很小的细裂缝。当输入地面运动加速度峰值 0.31g（原型对应 0.19g）后，之前的裂缝进一步发展，并且底层边柱出现多条水平方向的裂缝。当输入地面运动加速度峰值 0.53g（原型对应 0.33g）后，二层柱的柱顶以及中柱底部也产生沿水平方向的裂缝，二层边柱柱底混凝土与型钢的界面出现黏结滑移，底层边柱处梁端的细裂缝发展为较大裂缝。当输入地面运动加速度峰值 0.61g（原型对应 0.38g）后，边柱柱底的混凝土剥落，底层边柱处的梁端混凝土破碎，钢丝露出，这说明此位置已出现塑性铰，二层和底层中节点处有明显的交叉型斜裂缝；用正弦波对其进行共振破坏试验后，一层梁端及所有柱的底部均出现塑性铰[84-87]。

（三）分析结果

根据文献中的数据，选择顶点位移、基底剪力和最大楼层加速度 3 种结构地震需求进行对比，计算结果如表 2-10 所示。由表 2-10 可知，当地面运动加速度峰值为 0.1g 时，计算值与试验值相差较大，此时结构尚处于弹性阶段，分析误差较大，这是由于在用 OpenSees 软件进行分析时，未考虑在试验开始阶段敲击试验造成的累积损伤，此外本书采用非线性纤维梁柱单元建模；其他工况下，除 0.33g 时顶点位移的计算值与试验值相差较大外，其余都相差较小。整体上，本次模拟分析的结果与试验值吻合较好。

表 2-10 计算结果

地震需求	PGA	试验值	计算值	计算值/试验值
顶点位移/mm	0.1g	—	32	—
	0.19g	50	54	1.08
	0.33g	78	107	1.37
	0.38g	110	100	0.91
基底剪力/kN	0.1g	353	546	1.55
	0.19g	864	870	1.01
	0.33g	1 296	1 303	1.01
	0.38g	1 412	1 293	0.92
最大楼层加速度 /(mm·s⁻²)	0.1g	2 871	2 455	0.86
	0.19g	4 785	4 393	0.92
	0.33g	6 006	6 590	1.10
	0.38g	6 240	6 494	1.04

二、钢筋混凝土空间框架结构振动台试验

(一)结构概况

本算例来自参考文献[88]和[89],为三层一跨钢筋混凝土框架结构,设防烈度 7 度,Ⅱ类场地,第一组抗震分组,二级抗震等级,层高 3 500 mm,平面尺寸 6 500 mm×6 000 mm,钢筋保护层厚度 25 mm,柱和梁的尺寸均为 400 mm×300 mm,板的厚度为 150 mm;所有柱和梁的配筋和截面均相同,柱设置为矩形是为了使加载方向为弱轴,避免发生平面外失稳;地面加速度记录采用 EL-Centro(1940NS),其结构简图如图 2-20 所示。

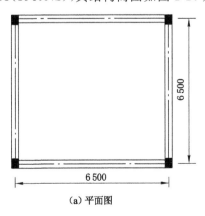

(a)平面图

图 2-20 结构简图(空间框架结构)

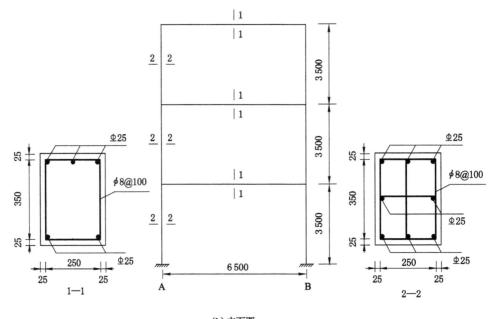

(b)立面图

图 2-20(续)

逐次输入的加速度峰值为 0.8 m·s⁻²~11 m·s⁻²,分 8 次加载,具体的工况如表 2-11 所示。材料特性见表 2-12。

表 2-11　工况加载顺序

单位	工况 1	工况 2	工况 3	工况 4	工况 5	工况 6	工况 7	工况 8
m·s⁻²	0.8	1.3	2.2	3.7	6.0	9.0	11.0	11.0

表 2-12　材料特性

混凝土力学特性		钢材力学特性		
名称	数值	名称	纵筋	箍筋
f_c/MPa	48.14	屈服强度/MPa	282.50	389.93
峰值压应变	2.82×10^{-3}	断裂应变	0.123	0.119
弹性模量/MPa	2.234×10^5	弹性模量/MPa	$2.018\ 3 \times 10^5$	$1.965\ 7 \times 10^5$

各种工况下,结构的阻尼比如表 2-13 所示。

表 2-13　结构阻尼比

工况编号	1	2	3	4	5	6	7	8
阻尼比	0.025	0.031	0.035	0.041	0.066 5	0.09	0.12	0.213

（二）试验过程与现象

当输入地面运动加速度峰值 $2.2~\mathrm{m \cdot s^{-2}}$ 后,结构出现裂缝。当输入地面运动加速度峰值 $3.7~\mathrm{m \cdot s^{-2}}$ 后,一层柱端部的钢筋屈服。当输入地面运动加速度峰值 $9.0~\mathrm{m \cdot s^{-2}}$ 后,之前出现的裂缝逐渐发展,新的裂缝陆续出现,部分混凝土剥落,存在不可恢复位移。当输入地面运动加速度峰值 $11.0~\mathrm{m \cdot s^{-2}}$ 后,结构出现严重的损伤;处于工况 8 后,发生结构倒塌。

（三）分析结果

计算结果如表 2-14 所示。由表 2-14 可知,在工况 1 和工况 3 下,结构尚处于弹性阶段,计算值与试验值有一定的差距,原因与第二章第七节第一段类似;而在工况 5 和工况 7 下,结构处于弹塑性阶段时,计算值与试验值吻合较好。

表 2-14　计算结果

地震需求	工况	试验值	计算值	计算值/试验值
顶层最大加速度 /(mm·s⁻²)	1	1 920	2 195	1.14
	3	4 630	3 854	0.83
	5	5 700	5 955	1.04
	7	8 670	8 497	0.98
顶层最大位移角	1	0.002 7	0.004 0	1.48
	3	0.010	0.008 6	0.86
	5	0.014 1	0.014 5	1.03
	7	0.024 9	0.023 9	0.96

由本节两个振动台试验的 OpenSees 模型可知,在采用本书的模型对框架结构进行分析时,得到的地震需求与试验结果吻合较好,有一定的准确性。

第八节　本章小结

本章给出了高效抽样方法,并给出了对应的方差重要性测度指标;以不同地震动强度水平和不同地震动记录作用下的型钢混凝土框架结构为例,计算了各随机变量对结构地震需求和结构地震易损性的方差重要性测度指标,并对利用普通 Monte-Carlo 抽样法以及 Tornado 图形法敏感性分析得到的结果进行了对比。结论如下:

（1）采用本书给出的抽样方法时,各个随机变量的方差重要性测度指标在 $N < 384$ 时变化较大,在 $N \geqslant 384$ 时趋于稳定,即 $N \geqslant 384$ 时,采用本书给出的抽样方法即可得到较准确的结果,并与普通 Monte-Carlo 抽样法得到的结果基本一致,但需要的样本数量大大减少,仅为其 $(n+1)/[n(N+1)]$。可见这是一种高效的抽样方法,这种方法也可以应用到其他学科其他领域,尤其是对大型的较复杂的模型而言,具有重要的意义。

（2）随机变量对型钢混凝土框架结构地震需求的方差重要性排序与 Tornado 图形法重要性排序基本一致,但个别有所不同。这是由于 Tornado 图形法是一种局部敏感性分析方法,只能反映输入随机变量取特定的实现值对输出反应量的影响,不能同时考虑其他随机变量的影响。

（3）从算例 1 和算例 2 都可以看出，D_A 和 M_s 对型钢混凝土框架结构的 4 种地震需求的方差重要性测度指标相对较大，而 E_{ss}、E_s 和 E_c 的方差重要性测度指标比较小，即 D_A 和 M_s 对地震需求的影响较大，而 E_{ss}、E_s 和 E_c 的影响较小。

（4）从算例 1 和算例 2 都可以看出，各个随机变量对型钢混凝土框架结构地震需求的重要性测度指标和对地震易损性的重要性测度指标有所不同。这是因为计算随机变量对地震易损性的重要性测度指标，大多属于计算小失效概率问题，输出反应量的功能响应函数分布尾部的问题会对其有较大的影响。

（5）从第二章第七节中对两个振动台试验原型的分析中可知，本书对型钢混凝土框架结构所建立的模型是准确合理的。

第三章　基于机器学习算法的重要性分析

本书第三章给出了高效抽样方法,并给出了相应的方差重要性测度指标,此方法大大减少了总样本数量;但仍然需要设置每一个随机变量的实现值,所需要的样本数量仍然较大,比如当样本矩阵中 $N=1\ 024$ 时,对研究的 8 个随机变量,需要的总样本数量仍然高达 $1\ 024×9$ 个。基于此,本章将支持向量机(SVM)、最小角回归(LARS)和神经网络分位数回归(QRNN)等机器学习算法应用于重要性分析中;以此为基础,对型钢混凝土框架结构进行重要性分析,得到各个随机变量对结构地震需求和结构地震易损性的重要性测度指标,并与第二章中采用高效抽样方法得到的方差重要性测度指标进行了对比,从而验证了本章算法的有效性和准确性。

第一节　SVM 重要性测度分析

一、SVM 基本原理

1992 年,Boser 等提出了一种可将内核技巧应用在最大余量超平面的非线性分类器方法,这种方法被称为支持向量机(Support Vector Machine,SVM)。1993 年,Cortes 等[90]提出了现在通用的 SVM。

支持向量机最初是用来进行模式识别的,并且回归问题也可以用这种方法解决,两者的思路类似[91-92]。假设训练样本集为 $\{(x_1,y_1),(x_2,y_2),\cdots,(x_n,y_n)\}$,$x_i$、$y_i\in R$,$x=(x_1,x_2,\cdots,x_n)'$ 为数据集,假设以上向量都表示列向量,则转置后的行向量为 $(x_1,x_2,\cdots,x_n)$,设 $I=(1,1,\cdots,1)'$,I 的长度为 n,则线性回归函数为:

$$f(x) = wx + b \tag{3-1}$$

支持向量机的目标函数是让所有样本点逼近最优超平面,从而使样本点的总偏差最小[93]。样本的所有真实值与预测值差值的绝对值求和后,若不超过足够小的正实数 ε,则可认为得到的最优超平面由 w 和 b 两个系数唯一确定,即

$$\sum_{i=1}^{n} |f(x_i) - y_i| \leqslant \varepsilon \tag{3-2}$$

而 w 和 b 会影响残差绝对值之和,对上述条件用点 (x_i,y_i) 到超平面的距离修正,得:

$$\sum_{i=1}^{n} \frac{|x_i w + bI - y_i|}{\sqrt{1 + \|w\|^2}} \leqslant \sum_{i=1}^{n} |f(x_i) - y_i| \leqslant \varepsilon$$

$$\rightarrow \sum_{i=1}^{n} |f(x_i) - y_i| \in \left[0, \varepsilon\sqrt{1 + \|w\|^2}\right] \tag{3-3}$$

可见,当 ε 给定时,$\|w\|^2$ 越小则对应的超平面与最优超平面越接近。所以,以下最优化

问题需要解决：

$$\min\frac{1}{2}\|w\|^2 \tag{3-4}$$

$$\text{s. t. }|xw+bI-y|\leqslant\varepsilon \tag{3-5}$$

引入松弛因子 ξ^* 和 ξ 后，上述问题可转化为：

$$\min\frac{1}{2}\|w\|^2+C(\xi^*+\xi)'I \tag{3-6}$$

$$\text{s. t. }\begin{cases}xw+bI-y\leqslant\varepsilon+\xi^*\\y-xw-bI\leqslant\varepsilon+\xi\\\xi,\xi^*\geqslant0\end{cases} \tag{3-7}$$

式中，常数 $C>0$，根据对偶理论，可得以下对偶优化问题：

$$\max_{\alpha,\alpha^*}\left\{-\frac{1}{2}\sum_{i=1}^n\sum_{j=1}^n(\alpha_i-\alpha_i^*)(\alpha_j-\alpha_j^*)x_i'x_j-\varepsilon\sum_{i=1}^n(\alpha_i+\alpha_i^*)+\sum_{i=1}^ny_i(\alpha_i-\alpha_i^*)\right\} \tag{3-8}$$

用对偶理论求得参数 α、α^* 以后，由 $w=x'(\alpha-\alpha^*)$ 得回归函数：

$$f(x_i)=\sum_{j=1}^n(\alpha_j-\alpha_j^*)x_ix_j'+b \tag{3-9}$$

式中，b 按下式求出：

$$b=y_i-\sum_{j=1}^n(\alpha_j-\alpha_j^*)x_ix_j'-\varepsilon \tag{3-10}$$

非线性支持向量机的基本思想是，通过核函数 $k(x_i,x_j)=\Phi(x_i)\Phi(x_j)$ 将低维空间的非线性回归对应到高维空间的线性回归上，常见的核函数有[94]：

（1）线性核函数（Linear）：

$$k(x_i,x_j)=(x_i,x_j') \tag{3-11}$$

（2）高斯径向基核函数（RBF）：

$$k(x_i,x_j)=e^{-\frac{\|x_i-x_j\|^2}{2\sigma^2}} \tag{3-12}$$

（3）多项式核函数（Polynomial,Poly）：

$$k(x_i,x_j)=(x_ix_j'+c)^p,p\in N,c\geqslant0 \tag{3-13}$$

（4）Sigmoid 核函数：

$$k(x_i,x_j)=\tan h[v(x_i,x_j')+c] \tag{3-14}$$

由核函数，优化问题变为：

$$\max_{\alpha,\alpha^*}\left\{-\frac{1}{2}\sum_{i=1}^n\sum_{j=1}^n(\alpha_i-\alpha_i^*)(\alpha_j-\alpha_j^*)k(x_i,x_j)-\varepsilon\sum_{i=1}^n(\alpha_i+\alpha_i^*)+\sum_{i=1}^ny_i(\alpha_i-\alpha_i^*)\right\} \tag{3-15}$$

此时 w 可更新为：

$$w=\sum_{i=1}^n(\alpha_i-\alpha_i^*)\Phi(x_i) \tag{3-16}$$

进一步 $f(x)$ 可表示为：

$$f(x)=\sum_{i=1}^n(\alpha_i-\alpha_i^*)[\Phi(x_i)\Phi(x)]+b=\sum_{i=1}^n(\alpha_i-\alpha_i^*)k(x_i,x')+b \tag{3-17}$$

式中,b 按下式求出：

$$b = y_i - \sum_{j=1}^{n} (\alpha_j - \alpha_j^*) k(x_i, x_j') - \varepsilon \tag{3-18}$$

所以基于对偶问题,求出最优参数 α、α^*,就可以得出对应的支持向量机算法的数学模型,在此基础上可以得到 $y_i(i=1,2,\cdots,n)$ 的预测值 $\hat{y}_i$。

二、SVM 重要性测度指标

支持向量机重要性测度指标 S_i 可表示为：

$$S_i = \frac{\text{Var}(\hat{Y})}{\text{Var}(Y)} \tag{3-19}$$

式中,$\text{Var}(Y)$ 表示结构地震需求 Y 的总方差,$\text{Var}(\hat{Y})$ 表示 Y 的预测值 $\hat{Y}$ 的方差,分别按下式计算：

$$\text{Var}(Y) = \frac{1}{N-1} \sum_{k=1}^{N} (y_k - \bar{y})^2 \tag{3-20}$$

$$\text{Var}(\hat{Y}) = \frac{1}{N-1} \sum_{k=1}^{N} (\hat{y}_k - \bar{\hat{y}})^2 \tag{3-21}$$

式中,$\bar{y}$ 为结构地震需求所有样本值 $y_k(k=1,2,\cdots,N)$ 的均值,$\bar{\hat{y}}$ 为结构地震需求所有预测值 $\hat{y}_k(k=1,2,\cdots,N)$ 的均值。

三、计算流程

(1) 抽取 N 个低偏差的 Sobol 序列样本值,根据随机变量的分布特征转化为相应的样本值,将每个随机变量的样本值排为一列,得到的 $N \times n$ 样本矩阵 $\boldsymbol{A}$ 为：

$$\boldsymbol{A} = \begin{bmatrix} x_{11} & \cdots & x_{n1} \\ \vdots & \ddots & \vdots \\ x_{1N} & \cdots & x_{nN} \end{bmatrix} \tag{3-22}$$

(2) 将矩阵 $\boldsymbol{A}$ 中的值输入 OpenSees 软件所建立的模型,计算结构地震需求,产生的 N 个结构地震需求 Y 的样本值为：

$$\boldsymbol{y} = \begin{bmatrix} y_1 \\ \vdots \\ y_N \end{bmatrix} = \begin{bmatrix} g(x_{11}, \cdots, x_{i1}, \cdots, x_{n1}) \\ \vdots \\ g(x_{1N}, \cdots, x_{iN}, \cdots, x_{nN}) \end{bmatrix} \tag{3-23}$$

(3) 计算结构地震需求 Y 的总方差 $\text{Var}(Y)$。

(4) 通过支持向量机模型(SVM)计算得到某个随机变量对应的结构地震需求 Y 的所有预测值 $\hat{Y}$。

(5) 计算步骤(4)中结构地震需求 Y 的所有预测值 $\hat{Y}$ 的方差 $\text{Var}(\hat{Y})$。

(6) 计算这个随机变量的支持向量机重要性测度指标 S_i。

(7) 计算其他随机变量的支持向量机重要性测度指标 $S_i(i=1,2,\cdots,n)$。

第二节 LARS 重要性测度分析

一、LARS 基本原理

向前选择（forward selection）算法在子集选择时，每次选择一个变量以后都要对模型重新拟合，例如第一步选择一个变量 x_1，在第二步中可能就会删掉一个很重要并且跟 x_1 相关的变量，显得比较具有"侵略性"（aggressive）。

向前回归（Forward Stagewise）算法与向前选择算法相比，是一种比较谨慎的方法，但是需要经过很多步才能获得最后的模型，具体来说，算法每次在变量的求解路径上前进一小步，而向前选择算法每次都前进一大步。这样一来，向前回归算法可以避免漏掉某些和响应相关的重要变量，但计算代价也会大很多[95-97]。

最小角回归（Least Angle Regression，LARS）算法是在文献[98]中提出的，这种算法对向前选择和向前回归两种算法做了折中，修正了向前回归算法每次在变量的求解路径上只前进一小步的做法，加速了计算的过程，只需 n 步（n 是输入随机变量的个数），即可得到参数的估计值，同时继承了向前回归算法在一定程度上准确的优点。最小角回归算法的步骤如图 3-1 所示，具体如下[99]：

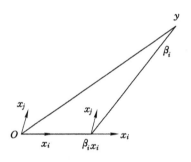

图 3-1 LARS 计算步骤

（1）判断输入自变量 x 与输出反应量 y 的相关度，然后用有最大相关度的输入自变量 x_i 对 y 逼近。

（2）找到另一个与 y 具有相同相关度的输入自变量 x_j，即 $r_{x_i y} = r_{x_j y}$，然后从 x_i 与 x_j 的角平分线方向 x_u 逼近 y。

（3）同理，若出现第 3 个输入自变量 x_k 与输出反应量 y 的相关度与 x_i 相同，则将 x_k 也纳入逼近列队，选择 3 个向量共同的角平分线方向自变量 x_v 进行新一轮的逼近，此时角平分线方向表示多维空间中多个向量的平分线方向。

（4）逐步逼近直到所有的输入自变量都参与到逼近中，或者直到残差小于某个设定的阈值时，结束计算。

在图 3-1 中，若 2 个输入自变量 x_i、x_j 分别与输出反应量 y 的相关度大小关系为 $r_{x_i y} > r_{x_j y}$，则用 x_i 逼近 y，直到 $\beta_i x_i$ 与 y 的残差跟 x_i、x_j 的相关度相同，即残差处于 x_i 与 x_j 的角平分线上时，选择从 x_i 与 x_j 的角平分线方向（作为新的方向）逼近输出反应量 y，求出最终的系

数 β,进而可以得到预测值 $\hat{y}$。

二、LARS 重要性测度指标

假设输出反应量(结构地震需求)的 N 个无条件样本值为 $y_k(k=1,2,\cdots,N)$,结构地震需求 Y 的无条件样本总方差为:

$$\mathrm{Var}(Y) = \frac{1}{N-1}\sum_{k=1}^{N}(y_k - \bar{y})^2 \tag{3-24}$$

式中,$\bar{y}$ 为式(2-7)中所有结构地震需求无条件样本值 $y_k(k=1,2,\cdots,N)$ 的均值。

通过最小角回归算法得到结构地震需求 Y 的预测值 $\hat{y}_k(k=1,2,\cdots,N)$,结构地震需求 Y 预测值 $\hat{y}_k$ 的总方差为:

$$\mathrm{Var}(\hat{Y}) = \frac{1}{N-1}\sum_{k=1}^{N}(\hat{y}_k - \bar{\hat{y}})^2 \tag{3-25}$$

式中,$\bar{\hat{y}}$ 为结构地震需求 Y 预测值 $\hat{y}_k$ 的均值。

则基于最小角回归(LARS)模型的重要性测度指标 S_i 为[100]:

$$S_i = \frac{\mathrm{Var}(\hat{Y})}{\mathrm{Var}(Y)} \tag{3-26}$$

三、计算流程

LARS 的重要性测度指标的计算流程如图 3-2 所示。

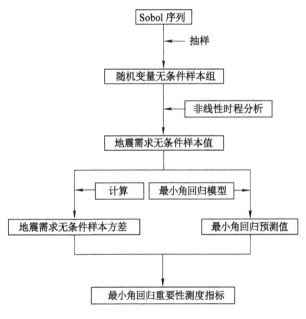

图 3-2 计算流程

第三节　随机森林重要性测度分析

一、随机森林基本原理

1996 年,Breiman 提出 Bagging 学习理论[101],利用 Bootstrap 重抽样方法从总体训练样本集中抽取多个略有不同的训练子样本集并对每个训练子样本集中的样本建模。在对这些训练子样本集训练以后,得到多个稍有差异的弱学习器,集成这些弱学习器以后,可以得到一个可靠稳定的强学习器,许多研究实例都证明这种方法的分类性能要比单个学习器的分类性能好得多。

1998 年,Tin 提出划分随机子空间的方法[102],这种方法通过多次随机选取总体训练样本集中的某些属性,组成多个属性不同的训练子样本集,分别建立决策树模型,然后组合得到的最终结果。Tin 在实验中发现,这种方法要比单棵决策树算法好。

2001 年,Bremain 结合可划分随机子空间策略的方法和 Bagging 学习理论,提出随机森林算法,并以分类回归树作为它的元分类器。

随机森林有回归[103]和分类[104]两种技术,随机森林回归算法是在随机子空间策略方法和 Bagging 学习理论基础上,提出来的一种集成的算法。随机森林回归在训练过程中有两个方面的随机[105]:

(1)随机抽样本。假设训练子样本集中有 m 个样本,从训练子样本集里随机重复抽取 m 次样本,得到与训练子样本集规模相同的样本集,在对应的样本集上训练建立决策树模型并进行回归预测。

(2)随机抽特征。这是一种特征子空间的思想,将随机成分在建 CART 回归树的过程中加入随机森林回归模型。在分裂结点时,将若干特征随机地抽取,然后从这些抽取的特征中,根据既定的规则找到一个最优切分特征以及对应的切分值,一般情况下随机抽取特征的个数不大于 $\log_2(K+1)$(K 为样本特征的总数)。

如图 3-3 所示,每一棵 CART 树的构建,都要用 Bootstrap 重抽样方法从大小为 n 的训练子样本集中抽样,使构建 CART 树的具体数据有差别,然后组合多棵 CART 树的预测结果,最后利用投票的方法求出最终值。

由随机森林算法得到的预测值较准确,对噪声和异常值有一定的容忍度,并且不易出现拟合过度的现象。可以这么说,随机森林算法是一种自然的不需要有特定关系的非线性的建模方法,这种方法有很强的自适应能力,只需要对样本进行不断地训练,当解决具有无规则、数据不完全、先验知识不清和约束条件多等特点的应用类问题时便捷快速准确,能够克服传统的预测方法中出现的,耗费时间多、只能间接获取知识和信息等缺点,可以很好地应用于实用化预测。

二、结构地震需求获取方法

(1)抽取 N 个低偏差的 Sobol 序列样本,利用各个输入随机变量的概率密度函数转化为相应的样本值,将 N 个输入随机变量的样本值排为一列,假设有 n 个输入随机变量,则可得到所有样本值的 $N \times n$ 维样本矩阵:

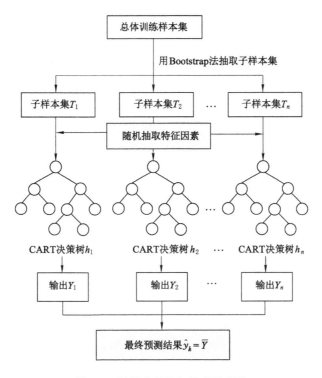

图 3-3　随机森林回归模型示意图

$$\boldsymbol{A} = \begin{bmatrix} x_{11} & \cdots & x_{n1} \\ \vdots & \ddots & \vdots \\ x_{1N} & \cdots & x_{nN} \end{bmatrix} \tag{3-27}$$

（2）将矩阵 $\boldsymbol{A}$ 中的各个样本值输入 OpenSees 软件的模型，计算输出反应量（结构地震需求），产生 N 个结构地震需求 Y 的样本值：

$$\boldsymbol{y} = \begin{bmatrix} y_1 \\ \vdots \\ y_N \end{bmatrix} = \begin{bmatrix} g(x_{11}, \cdots, x_{i1}, \cdots, x_{n1}) \\ \vdots \\ g(x_{1N}, \cdots, x_{iN}, \cdots, x_{nN}) \end{bmatrix} \tag{3-28}$$

三、%IncMSE 指标

总体训练样本集采用重抽样方法抽样后，每个样本不被抽中的概率是 $(1-1/N)^N$，其中 N 代表总体训练样本集中的样本数量。若 N 大到足够程度，$(1-1/N)^N$ 的值将收敛于 $1/e$，其值约为 0.368，这表明大概有 36.8% 的总体训练样本集中的样本，即"袋外数据"（Out of Bag，OOB）会不在训练子样本集中，所以可将它们作为测试数据集来评价随机森林预测性能，这种方法称为 OOB 估计（Out of Bag Estimation）[106]，相应的指标称为 %IncMSE。若随机森林中决策树的数量足够多，则 OOB 估计具有无偏性的特点[107]。

当随机改变随机森林模型中某个输入随机变量时（噪声扰动），可以将扰动对随机森林模型的影响程度作为该输入随机变量相对重要性的度量。在随机森林回归分析时，可以采用"袋外数据"估计的均方误差的平均递减值来评价输入随机变量对回归模型的重要性，均方误差的定义是：

$$MSE = \frac{1}{n} \sum_{i=1}^{n} (y_i - \hat{y}_i)^2 \qquad (3-29)$$

式中，$\hat{y}_i$ 表示输出反应量（结构地震需求）的观测值 $y_i(i=1,2,\cdots,n)$ 的预测值。

第四节　QRNN 重要性测度分析

利用现有的局部敏感性分析方法以及重要性分析方法研究输入随机变量对输出反应量的影响时，都是从平均的角度来研究输入随机变量对输出反应量的影响的，这显然会导致输入随机变量对输出反应量在其分布范围内的影响信息不能完全反映，会损失掉一些重要信息，所以很有必要采用高效方法研究输入随机变量对输出反应量在其分布范围内的影响。基于此，本节将神经网络分位数回归模型（Quantile Regression Neural Network，QRNN）应用到重要性分析中，并给出具体的求解方法，以型钢混凝土框架结构为例，通过对其结构地震需求的分析，研究输入随机变量对输出反应量在其分布范围内的影响情况。

一、分位数回归

分位数回归（Quantile Regression，QR）是进行回归分析的方法之一。最早由 Roger Koenker 和 Gilbert Bassett 于 1978 年提出。一般地，回归方法研究自变量与因变量的条件平均值间的关系，并得出回归关系，然后通过自变量估计因变量的条件平均值；而 QR 是研究自变量与因变量的条件分位数间的关系，并得出回归关系，可以通过自变量估计因变量的条件分位数。相较于传统回归方法仅能得到因变量的中央趋势，QR 可以进一步推论出因变量的条件概率分布。分位数回归属于非参数统计方法[108-109]。

假设 Y 是输出反应量，受到 k 个输入随机变量 $X_1,X_2,\cdots,X_k$ 的影响，Koenker 等提出了如下线性分位数回归模型：

$$Q_Y(\tau \mid X) = \boldsymbol{\beta}_0(\tau) + \boldsymbol{\beta}_1(\tau)X_1 + \boldsymbol{\beta}_2(\tau)X_2 + \cdots + \boldsymbol{\beta}_k(\tau)X_k \equiv X'\boldsymbol{\beta}(\tau) \qquad (3-30)$$

式中，$\tau \in [0,1]$，为分位点；$\boldsymbol{\beta}(\tau)$ 为回归系数向量，随着 τ 的变化而变化；$Q_Y(\tau \mid X)$ 为输出反应量 Y 的 τ 分位数函数。QR 的本质是通过分位数函数 τ 的变化来调节回归面，从而让输出反应量对输入随机变量产生不同分位数下的变化。

给定一组样本数据 $Y = \{y_1,y_2,\cdots,y_i\}$，可以由最小化残差总和来估计 $\boldsymbol{\beta}(\tau)$：

$$\min_{\boldsymbol{\beta}} \sum_{i=1}^{N} \rho_\tau (Y_i - X_i'\boldsymbol{\beta}) = \min_{\boldsymbol{\beta}} \Big(\sum_{i \mid Y_i \geqslant X_i'\boldsymbol{\beta}} \tau \mid Y_i - X_i'\boldsymbol{\beta} \mid + \sum_{i \mid Y_i \geqslant X_i'\boldsymbol{\beta}} (1-\tau) \mid Y_i - X_i'\boldsymbol{\beta} \mid \Big) \qquad (3-31)$$

式中，$\rho_\tau(u) = u[\tau - I]$，为检验函数；$I = \begin{cases} 1, u < 0 \\ 0, u \geqslant 0 \end{cases}$ 为指示函数，常用的方法有单纯形算法[110]、平滑算法[111] 和内点算法[112] 等。

相对传统的回归模型，当用分位数回归进行建模以及预测的时候，不需要假定为正态分布和设定分布所对应的参数，是一种半参数估计方法，可以适应数据经验分布的厚尾和尖峰特征。

二、神经网络分位数回归

上述分位数回归方法只是简单的线性回归方法，在实际应用时，样本中的输入随机变量与输出反应量之间存在非线性关系,分位数回归方法就无法建立准确的模型结构,即使建立近似模型,结果的可靠性和稳健性也无法得到保证。所以在 2000 年,Taylor[113] 在分位数回归方法理论的基础上,将人工神经网络与分位数回归相结合,提出了神经网络分位数回归模型(QRNN),这种方法是非线性回归方法。2011 年,Cannon[114] 实现了 QRNN 模型的建模和求解,这为之后 QRNN 的广泛应用[115] 奠定了良好的基础。该模型可以分为两个阶段,其结构如图 3-4 所示。

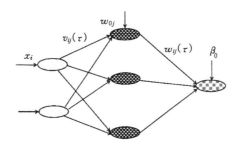

图 3-4　QRNN 结构

(1) 第一阶段:建立隐含层与输入层之间的连接。

$$G_j(\tau|\boldsymbol{X}) = \sum_{i=1}^{n} g_1[v_{ij}(\tau)x_i], j = 1, 2, \cdots, m \tag{3-32}$$

式中,$\boldsymbol{X} = \{x_i\}$,$i = 1, 2, \cdots, n$,为输入层的 n 维向量;g_1 为隐含层节点核函数;$v_{ij}(\tau)$ 表示隐含层 j 节点、输入层 i 节点间连接权值;$G_j(\tau|\boldsymbol{X})$ 为第 j 个隐含层节点的输出值;w_{0j} 为隐含层的偏差。

(2) 第二阶段:建立输出层与隐含层之间的连接。

$$Q_k(\tau|\boldsymbol{X}) = \sum_{j=1}^{m} g_2[w_{jk}(\tau)G_j(\tau|\boldsymbol{X})], k = 1, 2, \cdots, n \tag{3-33}$$

式中,$Q_k(\tau|\boldsymbol{X})$ 为输出层中的第 k 个节点的输出值,$w_{jk}(\tau)$ 表示输出层 k 节点、隐含层 j 节点间连接权值,g_2 为输出层的节点核函数。根据式(3-32)式和式(3-33),神经网络分位数回归模型可以用下式表示:

$$Q_k(\tau|\boldsymbol{X}) = F[\boldsymbol{X}, \boldsymbol{V}(\tau), \boldsymbol{W}(\tau)], \tau \in [0, 1] \tag{3-34}$$

式中,$F[\boldsymbol{X}, \boldsymbol{V}(\tau), \boldsymbol{W}(\tau)]$ 是 τ 分位数下的非线性函数,由权值向量 $\boldsymbol{V}(\tau) = [v_{ij}]^{\mathrm{T}}$,$\boldsymbol{W}(\tau) = [w_{jk}]^{\mathrm{T}}$;$i = 1, 2, \cdots, l$;$j = 1, 2, \cdots, m$;$k = 1, 2, \cdots, n$。

用神经网络输出一维向量的表达式为:

$$F_k[\boldsymbol{X}, \boldsymbol{V}(\tau), \boldsymbol{W}(\tau)] = \sum_{j=1}^{m} g_2\{w_{jk}(\tau) \sum_{i=1}^{n} g_1[v_{ij}(\tau)x_i]\}, k = 1, 2, \cdots, n \tag{3-35}$$

若 g_1 和 g_2 都是等值函数,则 QRNN 模型退化成为线性分位数状态。

在式(3-34)中,权值向量 $\boldsymbol{V}(\tau) = [v_{ij}]^{\mathrm{T}}$ 和 $\boldsymbol{W}(\tau) = [w_{jk}]^{\mathrm{T}}$ 的估计可以转化为求解下式的优化问题[116]:

$$\min_{\boldsymbol{W}, \boldsymbol{V}} \left\{ \sum_{i=1}^{N} \rho_\tau[Y_i - F(\boldsymbol{X}_i, \boldsymbol{W}, \boldsymbol{V})] + \lambda_1 \sum_{j,i} w_{ji}^2 + \lambda_2 \sum_i v_i^2 \right\}$$

$$= \min_{\boldsymbol{W}, \boldsymbol{V}} \Big(\sum_{i|Y_i \geqslant f(\boldsymbol{X}_i, \boldsymbol{W}, \boldsymbol{V})} \tau |Y_i - F(\boldsymbol{X}_i, \boldsymbol{W}, \boldsymbol{V})| +$$

$$\min_{\boldsymbol{W},\boldsymbol{V}} \Big(\sum_{i\,|\,Y_i \geqslant f(\boldsymbol{X}_i,\boldsymbol{W},\boldsymbol{V})} (1-\tau) \big| Y_i - F(\boldsymbol{X}_i,\boldsymbol{W},\boldsymbol{V}) \big| + \lambda_1 \sum_{j,i} w_{ji}^2 + \lambda_2 \sum_i v_i^2 \Big)$$

$$(3\text{-}36)$$

式中,λ_1、λ_2 为惩罚参数,可以避免神经网络结构处于过度拟合状态。文献[116]提出的交叉验证方法可以确定 λ_1、λ_2 和隐含层节点数 j 的最优取值,从而可以使用梯度优化算法对式(3-36)求解,得到权值向量 $\boldsymbol{V}(\tau)$ 和 $\boldsymbol{W}(\tau)$ 的估计值。

在得到权值向量 $\boldsymbol{V}(\tau)$ 和 $\boldsymbol{W}(\tau)$ 的估计值 $\hat{\boldsymbol{V}}(\tau)$ 和 $\hat{\boldsymbol{W}}(\tau)$ 后,将其分别代入式(3-31),即得到 Y 的 QRNN 估计值:

$$\hat{Q}_k(\tau | \boldsymbol{X}) = F[\boldsymbol{X},\hat{\boldsymbol{V}}(\tau),\hat{\boldsymbol{W}}(\tau)], \tau \in [0,1] \tag{3-37}$$

三、计算流程

(1) 根据各个输入随机变量的概率密度函数抽取 N 个低偏差的 Sobol 序列样本,将每个输入随机变量的样本值排为一列,则 n 个输入随机变量的样本值的 $N \times n$ 维样本矩阵 A 为:

$$\boldsymbol{A} = \begin{bmatrix} x_{11} & \cdots & x_{n1} \\ \vdots & \ddots & \vdots \\ x_{1N} & \cdots & x_{nN} \end{bmatrix} \tag{3-38}$$

(2) 将样本矩阵 A 输入 OpenSees 有限元软件模型,计算输出反应量(结构地震需求),产生 N 个输出反应量 Y 的响应值:

$$\boldsymbol{y} = \begin{bmatrix} y_1 \\ \vdots \\ y_N \end{bmatrix} = \begin{bmatrix} g(x_{11},\cdots,x_{i1},\cdots,x_{n1}) \\ \vdots \\ g(x_{1N},\cdots,x_{iN},\cdots,x_{nN}) \end{bmatrix} \tag{3-39}$$

输出反应量 Y 的总方差 V 按照下式估计:

$$\mathrm{Var}(Y) \approx \hat{V} = \frac{1}{N-1} \sum_{k=1}^{N} (y_k - \bar{y})^2 \tag{3-40}$$

式中,$\bar{y}$ 为式(3-39)中结构地震需求 $\boldsymbol{y}$ 的均值。

(3) 通过 QRNN 模型建立 Y 与 X_i 的关系,并计算输出反应量 Y 的条件分位数估计值 $\hat{y}_k$ 的方差 $\mathrm{Var}(\hat{Y})$;$\hat{y}_k = \hat{Q}_k(\tau | X)$,$k = 1,2,\cdots,N$。

(4) 计算 QRNN 重要性测度指标 S_i:

$$S_i = \frac{\mathrm{Var}(\hat{Y})}{\mathrm{Var}(Y)} \tag{3-41}$$

当输入随机变量为 n 维时,将 n 个输入随机变量分别代入 QRNN 模型中进行条件分位数估计,得到条件分位数估计值,然后可得到所有输入随机变量的重要性测度指标 $S_i (i=1,2,\cdots,n)$。

第五节 算 例 1

本例与第二章第五节算例 1 相同,以下将分别分析本章所用方法的重要性测度指标。

一、随机变量对地震需求的重要性分析

（一）SVM 重要性测度指标

图 3-5 给出了基于支持向量机（SVM）的各个随机变量对结构横向顶点位移需求的预测值趋势线，本节采用 3 种常用的核函数［线性（Linear）核函数、高斯径向基（RBF）核函数和多项式（Poly）核函数］，从图中可以看出，D_A 和 M_s 所对应的趋势线变化较剧烈，而 E_c、E_s 和 E_{ss} 所对应的趋势线变化较平缓。由于篇幅所限，其他 3 种结构地震需求的预测值趋势线不再一一列出。

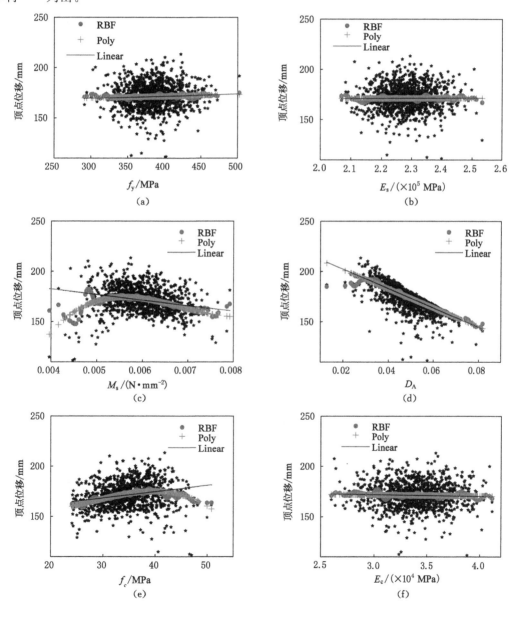

图 3-5　SVM 顶点位移需求预测值

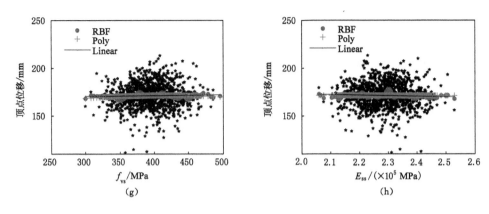

图 3-5(续)

图 3-6 给出了基于支持向量机(SVM)的,各个随机变量对结构纵向 4 种地震需求的方差重要性测度指标。由图 3-6(a)可以看出,D_A 对顶点位移需求的重要性测度指标最大,M_s 和 f_c 次之,其余各个随机变量的重要性测度指标较小。由图 3-6(b)可知,D_A 对基底剪力需求的重要性测度指标最大,M_s 次之,其他随机变量对基底剪力需求的重要性测度指标都较小。由图 3-6(c)可知,M_s、D_A 和 f_c 对最大楼层加速度需求的重要性测度指标都较大,E_c 和 E_s 对最大楼层加速度需求的重要性测度指标都较小。由图 3-6(d)可知,D_A 对最大层间位移角需求的重要性测度指标最大,M_s 和 f_c 次之,其余各个随机变量的重要性测度指标都较小。

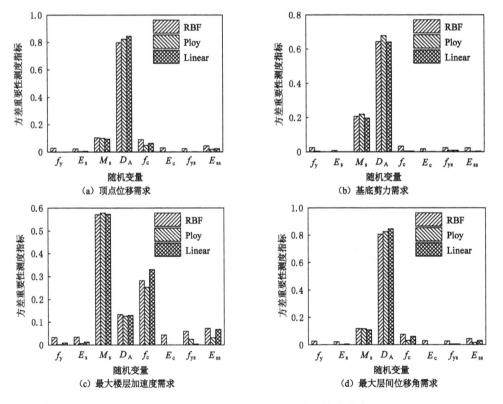

图 3-6 基于 SVM 的重要性测度指标(结构纵向)

整体上，D_A 对结构纵向 4 种结构地震需求的影响都较大，而 E_c 和 E_s 影响较小，各随机变量对 4 种地震需求的影响有一定的差异；采用 3 种核函数得到的重要性测度指标差别不大。

图 3-7 给出了基于支持向量机(SVM)的，各个随机变量对结构横向 4 种地震需求的方差重要性测度指标。由图 3-7(a)可以看出，D_A 对顶点位移需求的重要性测度指标最大，M_s 和 f_c 次之，E_c 和 E_s 对顶点位移需求的重要性测度指标都较小。由图 3-7(b)可知，f_c 对基底剪力需求的重要性测度指标最大，M_s 和 D_A 次之，其他随机变量对基底剪力需求的重要性测度指标都较小。由图 3-7(c)可知，M_s、D_A 和 f_c 对最大楼层加速度需求的重要性测度指标都较大，其余各个随机变量的重要性测度指标都较小。由图 3-7(d)可知，D_A 对最大层间位移角需求的重要性测度指标最大，M_s 和 f_c 次之，E_c 和 E_s 对最大楼层加速度需求的重要性测度指标都较小。

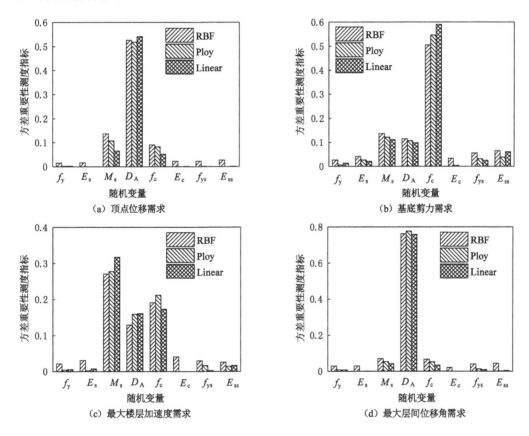

图 3-7　基于 SVM 的重要性测度指标(结构横向)

整体上，D_A 对结构横向 4 种结构地震需求的影响都较大，而 E_c 和 E_s 影响较小，各随机变量对 4 种地震需求的影响有一定的差异；采用 3 种核函数得到的重要性测度指标差别不大。

图 3-8 给出了采用高斯径向基(RBF)核函数时，结构两个方向的 4 种地震需求的重要性测度指标。由图 3-8(a)可知，D_A 对顶点位移需求的重要性测度指标最大，M_s 和 f_c 次之，其余各个随机变量的重要性测度指标较小。由图 3-8(b)可知，D_A 对结构纵向基底剪力需求的重要性测度指标最大，f_c 对结构横向基底剪力需求的重要性测度指标最大，E_c、E_s 和 f_y 对结构两个方向基底剪力需求的重要性测度指标都较小；各个随机变量对结构两个方向

的重要性测度指标相差较大。由图 3-8(c)可知,M_s、D_A 和 f_c 对结构两个方向最大楼层加速度需求的重要性测度指标都较大,其中 M_s 对结构两个方向最大楼层加速度需求的重要性测度指标相差较大,E_c 和 E_s 对结构两个方向最大楼层加速度需求的重要性测度指标都较小。由图 3-8(d)可知,D_A 对结构两个方向最大层间位移角需求的重要性测度指标最大,其余各个随机变量的重要性测度指标都较小;各个随机变量对结构两个方向最大层间位移角需求的重要性测度指标相差不大。

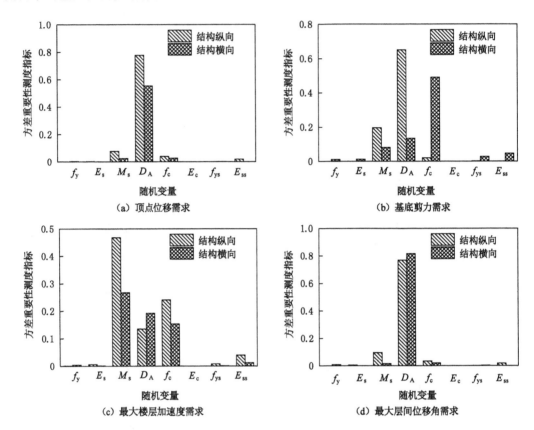

图 3-8 结构两个方向基于 RBF 的重要性测度指标对比

整体上,D_A 对 4 种结构地震需求的影响都较大,而 E_c 和 E_s 影响较小,各随机变量对结构两个方向基底剪力需求的影响不同,对另外 3 种结构地震需求的影响相差不大。

(二)LARS 重要性测度指标

图 3-9 给出了基于最小角回归(LARS)的各个随机变量对结构横向最大层间位移角需求的预测值趋势线,从该图中可以看出,D_A 和 M_s 所对应直线的斜率较大,而 E_c、E_s 和 E_{ss} 所对应直线的斜率较小。由于篇幅所限,其他 3 种结构地震需求的预测值趋势线不再一一列出。

图 3-10 给出了基于最小角回归(LARS)的方差重要性测度指标。由图 3-10(a)可知,D_A 对顶点位移需求的重要性测度指标最大,M_s 和 f_c 次之,其余各个随机变量的重要性测度指标较小。由图 3-10(b)可知,D_A 对结构纵向基底剪力需求的重要性测度指标最大,f_c 对结构横向基底剪力需求的重要性测度指标最大,E_c 和 E_s 对结构两个方向基底剪力需求的重要性测度指标都较小;各个随机变量对结构两个方向的重要性测度指标相差较大。由

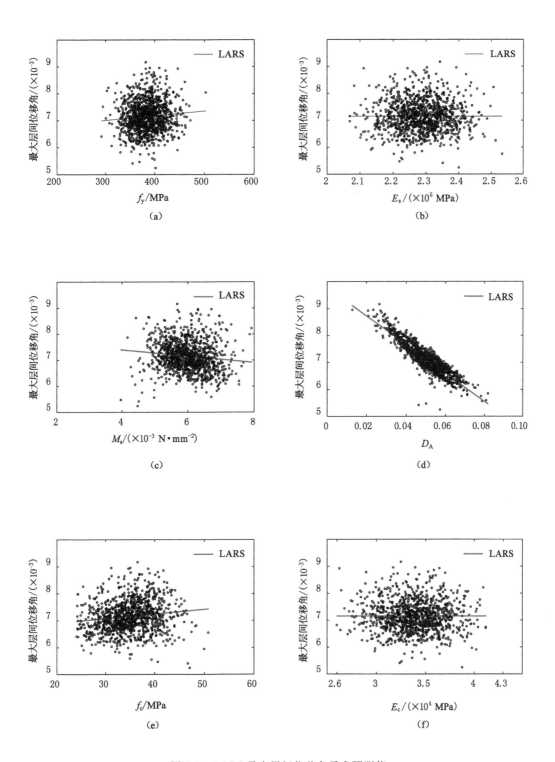

图 3-9　LARS 最大层间位移角需求预测值

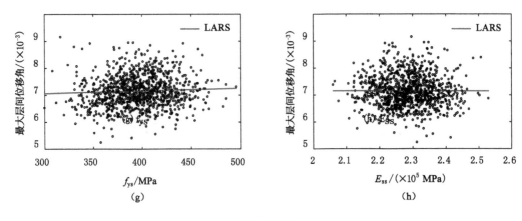

图 3-9（续）

图 3-10(c)可知，M_s、D_A 和 f_c 对结构两个方向最大楼层加速度需求的重要性测度指标都较大，E_c 和 E_s 对结构两个方向最大楼层加速度需求的重要性测度指标都较小。由图 3-10(d) 可知，D_A 对结构两个方向最大层间位移角需求的重要性测度指标最大，其余各个随机变量的重要性测度指标都较小。

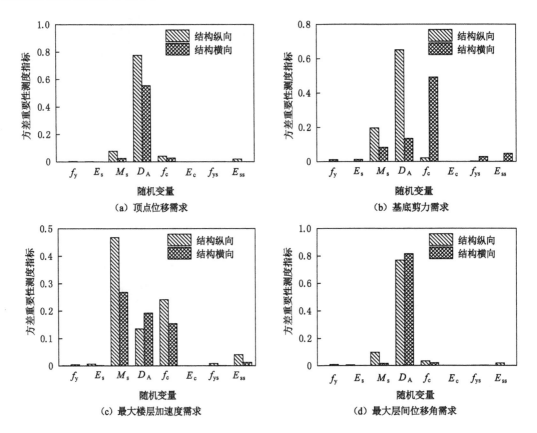

图 3-10 基于 LARS 的方差重要性测度指标

综上，D_A 对 4 种结构地震需求的影响都较大，而 E_c 和 E_s 影响较小，各随机变量对结构两个方向基底剪力需求的影响不同，对另外 3 种结构地震需求的影响相差不大。

（三）随机森林重要性测度指标

图 3-11 给出了基于随机森林的，各个随机变量对结构纵向 4 种地震需求的重要性测度指标%IncMSE，由图 3-11(a)可知，D_A 对结构纵向顶点位移需求的重要性测度指标最大，M_s 和 f_c 次之，其余各个随机变量的重要性测度指标较小。由图 3-11(b)可知，D_A 对结构纵向基底剪力需求的重要性测度指标最大，M_s 次之，其他随机变量对结构纵向基底剪力需求的重要性测度指标都较小。由图 3-11(c)可知，M_s、f_c 和 D_A 对结构纵向最大楼层加速度需求的重要性测度指标都较大，E_c 和 E_s 对结构纵向最大楼层加速度需求的重要性测度指标都较小。由图 3-11(d)可知，D_A 对结构纵向最大层间位移角需求的重要性测度指标最大，M_s 和 f_c 次之，其余各个随机变量的重要性测度指标都较小。

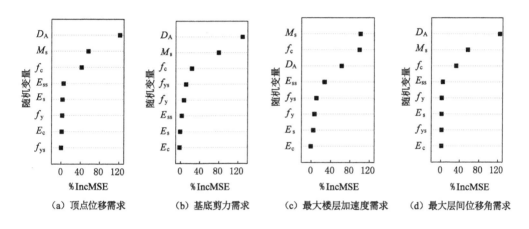

图 3-11 基于随机森林的重要性测度指标（结构纵向）

综上，D_A 对结构纵向 4 种结构地震需求的影响都较大，而 E_c 和 E_s 影响较小，各随机变量对 4 种地震需求的影响有一定的差异。

图 3-12 给出了基于随机森林的，各个随机变量对结构横向 4 种地震需求的重要性测度指标%IncMSE。由图 3-12(a)可以看出，D_A 对顶点位移需求的重要性测度指标%IncMSE 最大，M_s 和 f_c 次之，E_c 和 E_s 对顶点位移需求的重要性测度指标%IncMSE 都较小。由图 3-12(b)可知，f_c 对基底剪力需求的重要性测度指标%IncMSE 最大，M_s 和 D_A 次之，其他随机变量对基底剪力需求的重要性测度指标%IncMSE 都较小。由图 3-12(c)可知，M_s、f_c 和 D_A 对最大楼层加速度需求的重要性测度指标%IncMSE 都较大，其余各个随机变量的重要性测度指标%IncMSE 较小。由图 3-12(d)可知，D_A 对最大层间位移角需求的重要性测度指标%IncMSE 最大，M_s 和 f_c 次之，E_c 和 E_s 对最大楼层加速度需求的重要性测度指标%IncMSE 都较小。

综上，D_A 对结构横向 4 种结构地震需求的影响都较大，而 E_c 和 E_s 影响较小，各随机变量对 4 种地震需求的影响有一定的差异。

（四）QRNN 重要性测度指标

图 3-13 给出了条件分位数为 0.05、0.50 和 0.95 三种情况下，顶点位移需求条件分位

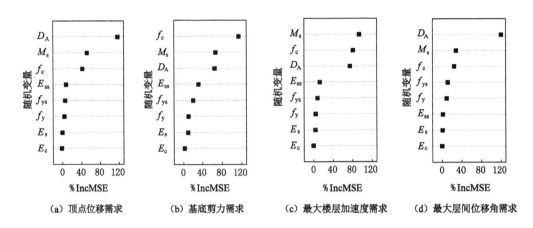

（a）顶点位移需求　　（b）基底剪力需求　　（c）最大楼层加速度需求　　（d）最大层间位移角需求

图 3-12　基于随机森林的重要性测度指标（结构横向）

数估计值的曲线。由图 3-13 可以看出顶点位移需求在 3 种条件分位数条件下，随各个输入随机变量变化的规律，例如顶点位移需求在条件分位数为 0.05 时，随着阻尼比的增大呈现出减小的趋势；在条件分位数为 0.95 时，随着结构质量的增大，呈现出增大的趋势。由于篇幅所限，其他 3 种地震需求的条件分位数估计值的曲线不再一一列出。

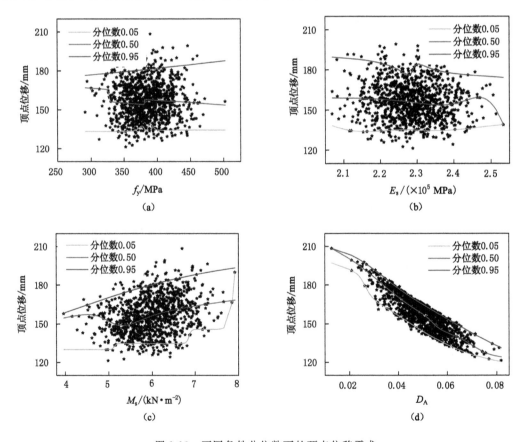

图 3-13　不同条件分位数下的顶点位移需求

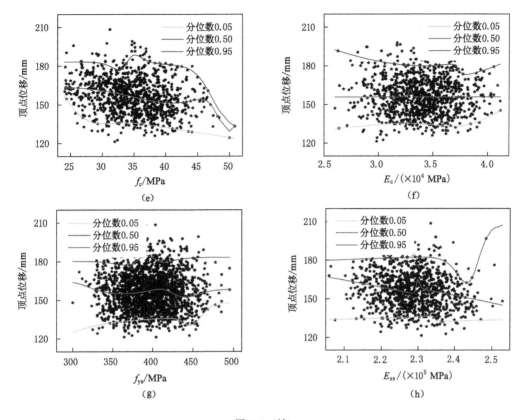

图 3-13(续)

用 QRNN 方法求出 11 种条件分位数下各个随机变量对结构纵向地震需求影响的重要性测度指标 S_i,结果如图 3-14 所示。由图 3-14(a)可知,各个随机变量对顶点位移需求的重要性测度指标在不同分位数条件下有一定的差异,比如 D_A 对顶点位移需求的重要性测度指标在分位数 0.5 以下时,随着分位数的增大有逐渐变大的趋势,分位数在 0.5~0.9 之间时,随着分位数的增大有逐渐变小的趋势;而 M_s 对顶点位移需求的重要性测度指标随着分位数的增大逐渐变大;各个随机变量在分位数 0.4~0.7 之间时,变化较小。

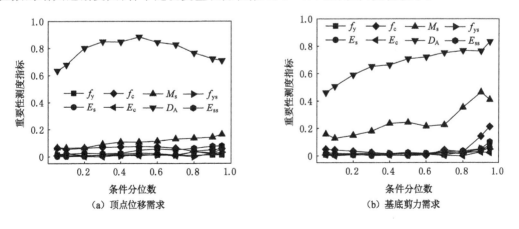

图 3-14 不同条件分位数下的重要性测度指标(结构纵向)

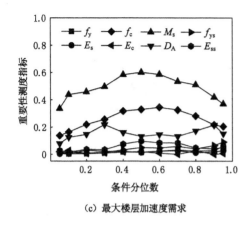
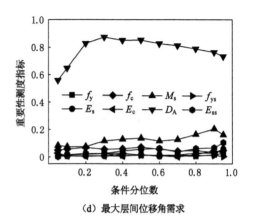

（c）最大楼层加速度需求　　　　　　　　（d）最大层间位移角需求

图 3-14（续）

由图 3-14(b)可知，D_A 对基底剪力需求的重要性测度指标随着分位数的增大有逐渐变大的趋势；而 M_s 在分位数 0.5～0.9 之间时，随着分位数的增大逐渐变大，在分位数 0.95 时突然变小；f_c 在分位数 0.8 以下时，变化较小，分位数超过 0.8 时突然变大。各个随机变量在分位数 0.4～0.7 之间时，变化较小。

由图 3-14(c)可知，f_c 和 M_s 对最大楼层加速度需求的重要性测度指标随着分位数的增大有先增大后减小的趋势；D_A 对最大楼层加速度需求的重要性测度指标随着分位数的增大，变化较复杂；各个随机变量在分位数 0.4～0.7 之间时，变化较小。

由图 3-14(d)可知，D_A 对最大层间位移角需求的重要性测度指标在分位数 0.3 以下时，随着分位数的增大逐渐变大，超过 0.3 时，随着分位数的增大平稳下降；而 M_s 在分位数 0.5～0.9 之间时，随着分位数的增大逐渐变大，在分位数为 0.95 时突然变小。各个随机变量在分位数 0.4～0.7 之间时，变化较小。

综上，各个随机变量对结构纵向 4 种地震需求的重要性测度指标在不同分位数条件下有一定的差异；在分位数 0.4～0.7 之间时，各个随机变量的重要性测度指标变化较小。

图 3-15 给出了用 QRNN 方法求出 11 种条件分位数下各个随机变量对结构横向地震需求影响的重要性测度指标 S_i。由图 3-15(a)可知，各个随机变量对顶点位移需求的重要性测度指标在不同分位数条件下有一定的差异，比如 D_A 对顶点位移需求的重要性测度指标随着分位数的增大逐渐变大，且变化幅度较大；而 M_s 对顶点位移需求的重要性测度指标随着分位数的增大逐渐变小；除 D_A 外，各个随机变量在分位数 0.4～0.7 之间时，变化较小。

由图 3-15(b)可知，f_c 对基底剪力需求的重要性测度指标随着分位数的增大，先增大后减小；D_A 和 M_s 对基底剪力需求的重要性测度指标随着分位数的增大变化相对较大；各个随机变量在分位数 0.4～0.7 之间时，变化较小。

由图 3-15(c)可知，D_A 和 M_s 对最大楼层加速度需求的重要性测度指标随着分位数的增大变化较大，f_c 对最大楼层加速度需求的重要性测度指标在分位数 0.9 以下时变化较小；除 D_A 外，各个随机变量在分位数 0.4～0.7 之间时，变化较小。

由图 3-15(d)可知，D_A 对最大层间位移角需求的重要性测度指标随着分位数的增大，

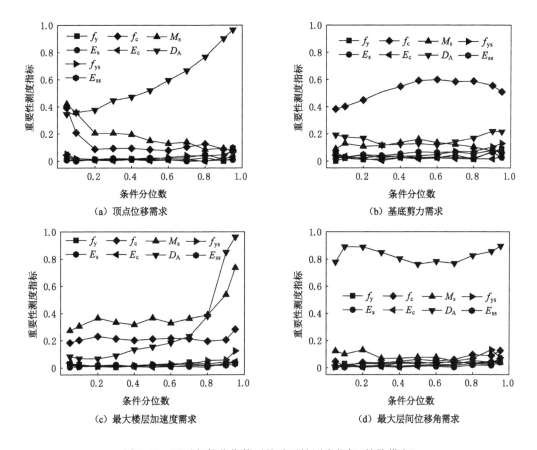

图 3-15 不同条件分位数下的重要性测度指标(结构横向)

整体先变小后变大;各个随机变量在分位数 0.4～0.7 之间时,变化较小。

综上,各个随机变量对结构横向 4 种地震需求的重要性测度指标在不同分位数条件下有一定的差异;在分位数 0.4～0.7 之间时,除 D_A 外,各个随机变量的重要性测度指标变化较小。

(五)随机变量的重要性排序

表 3-1 给出了样本矩阵中 $N=1$ 024 时,采用本章各种机器学习算法及第二章所采用高效抽样方法得到的各个随机变量对 4 种结构地震需求的重要性排序[32]。由表 3-1 可知,采用 5 种方法得到的随机变量的重要性排序虽然不完全相同,但基本一致。需要指出的是,第二章采用高效抽样方法与其他 4 种机器学习算法虽然得到的都可以归类为方差重要性测度指标,但是采用的样本数量是差别很大的(见第三章第四节及本章),但结果基本一致。还需要指出的是,采用机器学习算法时,总样本数量仅为第二章高效抽样方法的 $1/(n+1)$(n 为随机变量的个数),可见将 4 种机器学习算法应用到方差重要性测度分析中是高效、准确、合理的。5 种分析方法的实验结果均表明:D_A 和 M_s 对绝大多数地震需求的影响较大,而 E_s、E_{ss} 和 E_c 对绝大多数地震需求的影响较小。

表 3-1　随机变量的重要性排序

随机变量		顶点位移需求	基底剪力需求	最大楼层加速度需求	最大层间位移角需求
结构纵向	f_y	5-7-6-6-6	3-6-4-5-4	7-7-8-6-7	6-8-7-5-8
	E_s	7-5-8-5-5	6-7-8-7-8	6-6-7-7-8	5-5-8-6-5
	M_s	3-2-2-2-2	2-2-2-2-2	1-1-1-1-1	2-2-2-2-2
	D_A	1-1-1-1-1	1-1-1-1-1	3-3-3-3-3	1-1-1-1-1
	f_c	2-3-3-3-3	7-3-3-3-6	2-2-2-2-2	3-3-3-3-3
	E_c	6-6-5-7-8	5-8-7-8-7	8-8-6-8-6	8-7-5-8-6
	f_{ys}	4-8-7-8-7	8-4-5-4-5	5-5-5-5-5	4-6-6-7-7
	E_{ss}	8-4-4-4-4	4-5-6-6-3	4-4-4-4-4	7-4-4-4-4
结构横向	f_y	7-4-8-6-7	7-7-8-6-6	6-5-8-6-6	6-4-7-5-6
	E_s	8-7-7-7-6	6-6-6-7-7	7-6-5-7-7	8-8-6-7-7
	M_s	2-3-2-2-2	4-3-2-2-2	1-1-1-1-1	2-3-2-2-2
	D_A	1-1-1-1-1	2-2-3-3-3	2-2-3-3-3	1-1-1-1-1
	f_c	3-2-3-3-3	1-1-1-1-1	3-3-2-2-2	3-2-3-3-3
	E_c	5-6-6-8-5	8-8-7-8-8	8-8-4-8-8	7-7-8-8-8
	f_{ys}	6-5-5-5-5	5-5-5-5-5	5-7-6-5-4	4-5-5-4-4
	E_{ss}	4-8-4-4-4	3-4-4-4-4	4-7-4-7-5	5-6-4-6-5

注：表中第 1 项为第二章高效抽样方法的方差重要性排序；第 2 项为最小角回归(LARS)法重要性排序；第 3 项为采用 RBF 核函数的支持向量机(SVM)法重要性排序；第 4 项为随机森林重要性排序；第 5 项为分位数为 0.50 的神经网络分位数回归(QRNN)法重要性排序。

二、随机变量对地震易损性的重要性分析

（一）结果分析

根据本章的求解方法，可以求出随机变量对地震易损性的重要性测度指标。图 3-16 给出了采用本章各种方法得到的随机变量对结构纵向性能处于暂时使用状态条件下，以最大层间位移角为损伤指标时的地震易损性的方差重要性测度指标。

由图 3-16(a)可以看出，采用第二章抽样方法与最小角回归(LARS)算法时，D_A、M_s 和 f_c 对结构地震易损性的重要性测度指标较大，其余各个随机变量的重要性测度指标较小，尤其采用最小角回归(LARS)法时，其余随机变量的重要性测度指标在坐标轴几乎没有显示，比上述随机变量的重要性测度指标小得多。

由图 3-16(b)可以看出，采用随机森林算法时，D_A 对结构地震易损性的重要性测度指标最大，M_s 和 f_c 次之，其余各个随机变量的重要性测度指标较小。

由图 3-16(c)可以看出，采用支持向量机(SVM)算法时，采用 3 种不同的核函数得到的重要性测度指标比较接近；D_A 对结构地震易损性的重要性测度指标最大，M_s 和 f_c 次之，其余各个随机变量的重要性测度指标较小，在坐标轴几乎没有显示，比上述随机变量的重要性测度指标小得多。

由图 3-16(d)可以看出，采用神经网络分位数回归(QRNN)算法时，不同分位数条件下，各

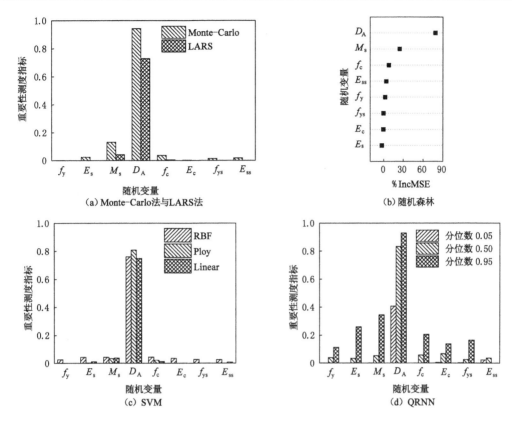

图 3-16　随机变量对地震易损性的重要性测度指标

个随机变量的重要性测度指标相差较大；且 D_A 对结构地震易损性的重要性测度指标都最大。

（二）与地震需求结果对比

图 3-17 给出了结构纵向各个随机变量对结构最大层间位移角需求与结构地震易损性的方差重要性测度指标。由图 3-17 可知，不管采用哪一种求解方法，D_A 对结构地震需求和地震易损性的方差重要性测度指标均最大，E_c 和 E_s 的方差重要性测度指标均较小；同一随机变量对结构地震需求和结构地震易损性的方差重要性测度指标值有一定差别。

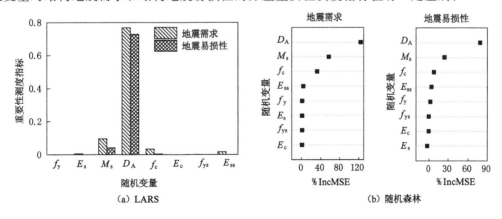

图 3-17　结构地震需求与地震易损性结果对比（结构纵向）

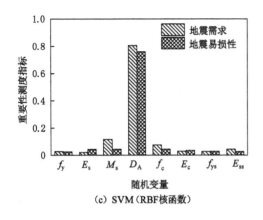 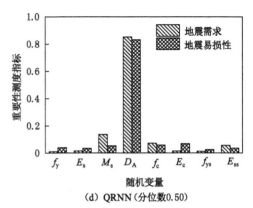

(c) SVM（RBF核函数）　　　　　　　　(d) QRNN（分位数0.50）

图 3-17（续）

第六节　算　例　2

本例与第二章第六节算例相同，以下将分别分析本章的重要性测度指标。

一、随机变量对地震需求的重要性分析

（一）SVM 重要性测度指标

1. 结果分析

图 3-18 给出了基于支持向量机（SVM）算法的方差重要性测度指标结果，由图 3-18(a)、图 3-18(c)和图 3-18(e)可知，当分别采用 3 种不同的核函数时，对选取的多数地震动记录来说，f_{ys} 和 f_c 对结构基底剪力需求的方差重要性测度指标较大，E_c 和 E_s 的方差重要性测度指标都很小，同时可以看出，不同地震动记录作用下，同一随机变量对基底剪力需求的方差重要性测度指标具有一定的离散性，即不同地震动记录作用下，同一随机变量对基底剪力需求的影响不同。

由图 3-18(b)、图 3-18(d)和图 3-18(f)可以看出，对选取的多数地震动记录来说，D_A 和 M_s 对结构最大层间位移角需求的方差重要性测度指标较大，E_c 和 E_s 的方差重要性测度指标都很小，同时可以看出，不同地震动记录作用下，同一随机变量对最大层间位移角需求的方差重要性测度指标具有一定的差异，即不同地震动记录作用下，同一随机变量对最大层间位移角需求的影响有所不同。

2. 结果对比

图 3-19 给出了在 RSN902 地震动记录作用下，在三种核函数条件下，基于支持向量机（SVM）的，随机变量对结构纵向地震需求的方差重要性测度指标。

由图 3-19(a)可知，当分别采用 3 种不同的核函数时，得到的各个随机变量对基底剪力需求的方差重要性测度指标相差不大，f_{ys}、M_s 和 D_A 对结构基底剪力需求的方差重要性测度指标较大，E_c 和 E_s 的方差重要性测度指标较小。

由图 3-19(b)可知，当分别采用 3 种不同的核函数时，得到的各个随机变量对最大层间

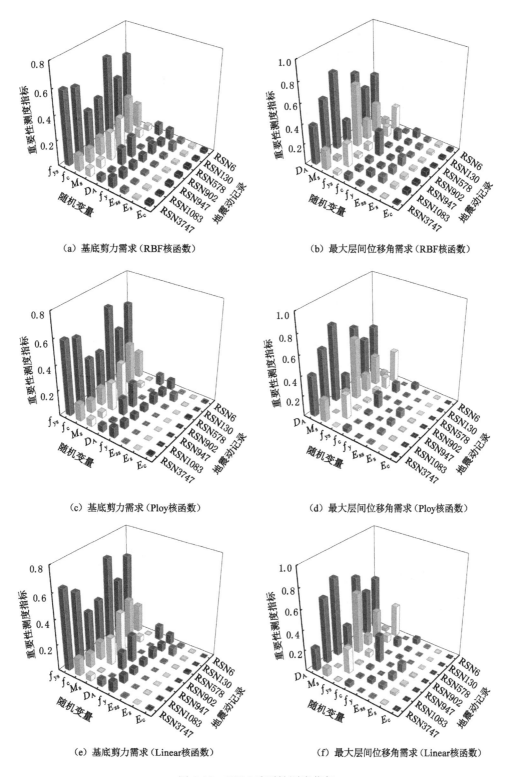

（a）基底剪力需求（RBF核函数）

（b）最大层间位移角需求（RBF核函数）

（c）基底剪力需求（Ploy核函数）

（d）最大层间位移角需求（Ploy核函数）

（e）基底剪力需求（Linear核函数）

（f）最大层间位移角需求（Linear核函数）

图 3-18 SVM 重要性测度指标

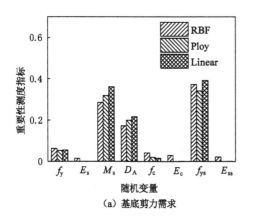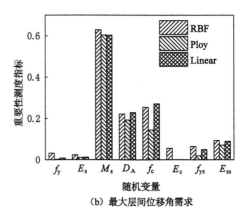

(a) 基底剪力需求   (b) 最大层间位移角需求

图 3-19　不同核函数的 SVM 重要性测度指标(RSN902)

位移角需求的方差重要性测度指标相差不大,M_s、D_A 和 f_c 对结构最大层间位移角需求的方差重要性测度指标较大,E_c 和 E_s 的方差重要性测度指标较小。

综上,当分别采用 3 种不同的核函数时,得到的各个随机变量对基底剪力需求和最大层间位移角需求的方差重要性测度指标相差都不大。

(二) LARS 重要性测度指标

图 3-20 给出了基于最小角回归(LARS)算法的方差重要性测度指标结果。由图 3-20(a)可知,对选取的多数地震动记录来说,f_{ys} 和 f_c 对结构基底剪力需求的方差重要性测度指标较大,E_c 和 E_s 的方差重要性测度指标都很小,同时可以看出,不同地震动记录作用下,同一随机变量对基底剪力需求的方差重要性测度指标具有一定的离散性,即不同地震动记录作用下,同一随机变量对基底剪力需求的影响不同。

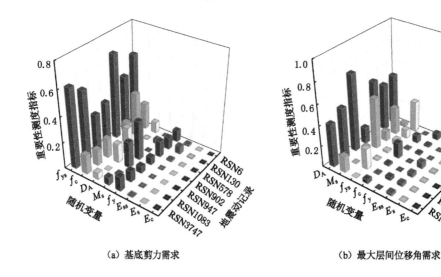

(a) 基底剪力需求   (b) 最大层间位移角需求

图 3-20　LARS 重要性测度指标

由图 3-20(b)可以看出,对选取的多数地震动记录来说,D_A 和 M_s 对结构最大层间位移角需求的方差重要性测度指标较大，E_c 和 E_s 的方差重要性测度指标都很小，同时可以看出，不同地震动记录作用下，同一随机变量对最大层间位移角需求的方差重要性测度指标具有一定的差异，即不同地震动记录作用下，同一随机变量对最大层间位移角需求的影响有所不同。

（三）随机森林重要性测度指标

图 3-21 给出了采用随机森林算法时，各个随机变量对基底剪力需求的重要性测度指标。由图 3-21 可知，对选取的多数地震动记录来说，f_{ys} 和 f_c 对结构基底剪力需求的方差重要性测度指标较大，E_c 和 E_s 的方差重要性测度指标都很小，同时可以看出，不同地震动记录作用下，同一随机变量对基底剪力需求的方差重要性测度指标具有一定的离散性，即不同地震动记录作用下，同一随机变量对基底剪力需求的影响不同。

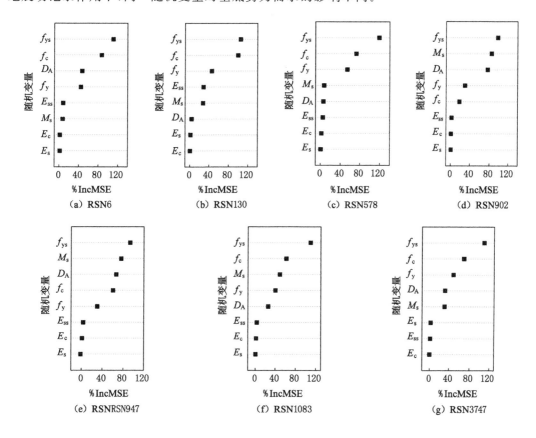

图 3-21　随机森林重要性测度指标（基底剪力需求）

图 3-22 给出了采用随机森林算法时，各个随机变量对最大层间位移角需求的重要性测度指标。由图 3-22 可知，对选取的多数地震动记录来说，D_A 和 M_s 对结构最大层间位移角需求的方差重要性测度指标较大，E_c 和 E_s 的方差重要性测度指标都很小，同时可以看出，不同地震动记录作用下，同一随机变量对最大层间位移角需求的方差重要性测度指标具有一定的差异，即不同地震动记录作用下，同一随机变量对最大层间位移角需求的影响有所不同。

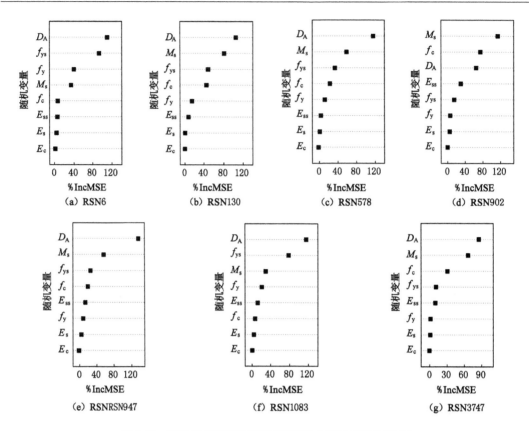

图 3-22 随机森林重要性测度指标（最大层间位移角需求）

（四）QRNN 重要性测度指标

图 3-23 给出了用神经网络分位数回归（QRNN）算法求出的 11 种条件分位数下各个随机变量对结构地震需求影响的重要性测度指标 S_i。由图 3-23 可知,不同的随机变量在不同的条件分位数下,对地震需求的重要性测度指标差异较大。

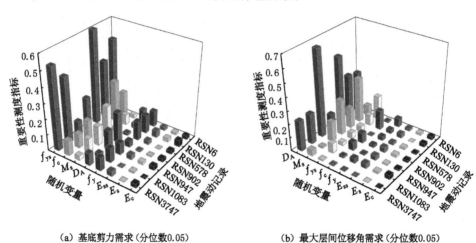

（a）基底剪力需求（分位数0.05）　　　　　（b）最大层间位移角需求（分位数0.05）

图 3-23 QRNN 重要性测度指标

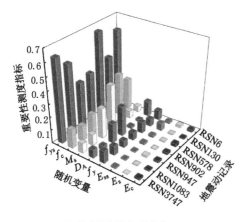

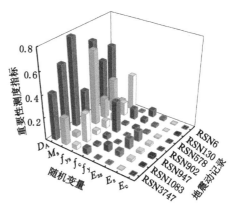

（c）基底剪力需求（分位数0.50）　　　　　　　（d）最大层间位移角需求（分位数0.50）

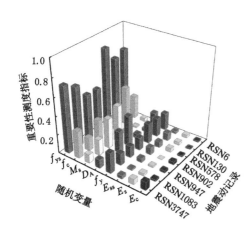

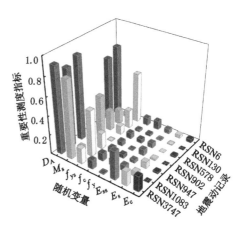

（e）基底剪力需求（分位数0.95）　　　　　　　（f）最大层间位移角需求（分位数0.95）

图 3-23（续）

（五）随机变量的重要性排序

表 3-2 给出了在地震动记录 RSN6 和 RSN902 的作用下，样本矩阵中 $N=1\,024$ 时，采用本章各种机器学习算法及第二章采用高效抽样方法得到的各个随机变量对 4 种结构地震需求的重要性排序[32]。由表 3-2 可知，采用 5 种方法得到的随机变量的重要性排序虽然不完全相同，但基本一致。

表 3-2　随机变量的重要性排序

随机变量		顶点位移需求	基底剪力需求	最大楼层加速度需求	最大层间位移角需求
RSN6	f_y	4-6-4-5-6	3-3-4-4-4	5-6-7-6-6	4-3-3-3-3
	E_s	6-7-7-8-7	6-6-8-8-6	7-7-8-7-8	6-7-8-7-7
	M_s	2-3-6-2-5	7-8-5-6-5	1-1-1-1-1	3-4-4-4-4

表 3-2（续）

随机变量		顶点位移需求	基底剪力需求	最大楼层加速度需求	最大层间位移角需求
RSN6	D_A	1-1-1-1-1	4-4-3-3-3	2-2-2-2-2	1-1-1-1-1
	f_c	3-2-2-4-3	2-2-2-2-2	4-3-3-3-3	7-6-6-5-6
	E_c	8-8-8-7-8	8-7-7-7-7	8-8-6-8-7	8-8-7-8-8
	f_{ys}	7-4-5-3-4	1-1-1-1-1	3-4-5-4-5	2-2-2-2-2
	E_{ss}	5-5-3-6-2	5-5-6-5-8	6-5-4-5-4	5-5-5-6-5
RSN902	f_y	4-4-4-4-4	4-4-4-4-4	3-3-4-4-4	6-7-7-6-8
	E_s	8-6-8-6-7	6-8-8-8-8	6-7-8-7-8	5-6-8-7-6
	M_s	3-3-3-3-3	2-2-2-2-2	1-1-1-1-1	1-1-1-1-1
	D_A	1-1-1-1-1	3-3-3-3-3	5-6-5-6-6	2-2-3-3-3
	f_c	6-5-5-5-5	5-5-5-5-5	4-3-3-3-3	3-3-2-2-2
	E_c	7-8-7-8-8	8-7-6-7-6	7-8-6-8-7	8-8-6-8-7
	f_{ys}	2-2-2-2-2	1-1-1-1-1	2-2-2-2-2	7-5-5-5-5
	E_{ss}	5-7-6-7-6	7-6-7-6-7	8-5-7-5-5	4-4-4-4-4

注：表中第 1 项为第二章高效抽样方法的方差重要性排序；第 2 项为最小角回归（LARS）法重要性排序；第 3 项为采用 RBF 核函数的支持向量机（SVM）法重要性排序；第 4 项为随机森林重要性排序；第 5 项为分位数 0.50 的神经网络分位数回归（QRNN）法重要性排序。

二、随机变量对地震易损性的重要性分析

（一）结果分析

图 3-24 给出了在 RSN902 地震动记录的作用下，结构在生命安全性能状态下，各个随机变量以最大层间位移角为损伤指标时，对结构地震易损性的方差重要性测度指标。由图 3-24 可知，M_s、D_A 和 f_c 对结构地震易损性的方差重要性测度指标较大，E_c 和 E_s 的方差重要性测度指标较小，且采用各个方法得到的结果较一致。

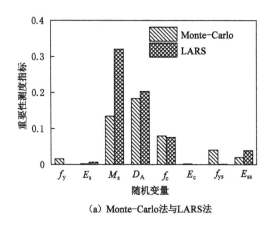

（a）Monte-Carlo 法与 LARS 法

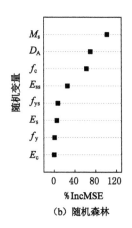

（b）随机森林

图 3-24　随机变量对地震易损性的重要性测度指标

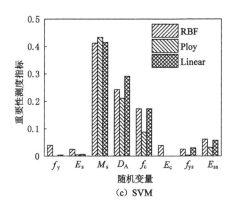 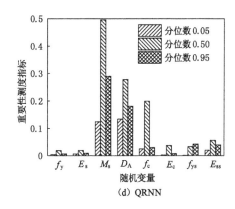

图 3-24(续)

（二）与地震需求结果对比

图 3-25 给出了各个随机变量对结构纵向最大层间位移角需求与结构地震易损性的方差重要性测度指标。由图 3-25 可知，不管采用哪一种求解方法，D_A、f_c 和 M_s 对结构地震需求和地震易损性的方差重要性测度指标较大，E_c 和 E_s 的方差重要性测度指标较小；同一随机变量对结构地震需求和结构地震易损性的方差重要性测度指标值有一定差别，例如从该图中可以看出，M_s 对结构地震需求的方差重要性测度指标比对结构地震易损性的方差重要性测度指标要大。

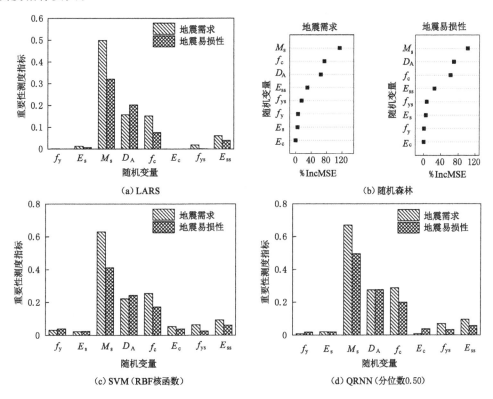

图 3-25　结构地震需求与地震易损性结果对比

第七节 算 例 3

某型钢混凝土框架结构,黏滞阻尼器的阻尼指数为 1,截面信息见表 3-3,统计信息如表 3-4 所示,其他随机变量的统计信息同本章算例 2,此处不再给出结构简图。

表 3-3 截面信息

楼层编号	梁截面尺寸/mm	配筋面积/mm²	柱截面尺寸/mm	配筋面积/mm²
1		3 220		6 081
2～4	300×600	2 537	600×600	4 114
5～7		1 821	500×500	3 216

表 3-4 随机变量的统计信息

符号	名称	均值	分布类型	变异系数
D_A	阻尼比	0.055	正态分布	0.2
c	黏滞阻尼器的阻尼系数/(kN·s·mm^{-1})	3	正态分布	0.1
k	黏滞阻尼器的刚度/(kN·mm^{-1})	100	正态分布	0.1

在本例进行动力非线性时程分析时,选用 El Centro 地震动记录(RSN6),黏滞阻尼器运用 Maxwell 单元进行模拟,对结构两个方向同时加载。

一、支持向量机重要性测度指标

本小节选择顶点位移、最大楼层加速度、基底剪力和最大层间位移角 4 种地震需求进行重要性测度分析。图 3-26 给出了采用 3 种不同核函数时,在支持向量机模型下,结构顶点位移需求的预测值。由图 3-26 可以看出,在 3 种核函数条件下,结构顶点位移需求随 10 个随机变量变化的规律,例如在 3 种不同核函数条件下,结构顶点位移需求随着 D_A 的增大而减小,随 E_{ss} 的增加有缓慢增大的趋势。受篇幅所限,不再一一列出其他 3 种结构地震需求的预测值。

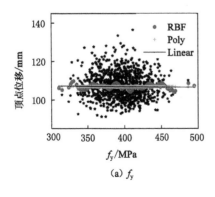
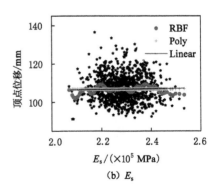

图 3-26 不同核函数条件下的顶点位移需求的预测值

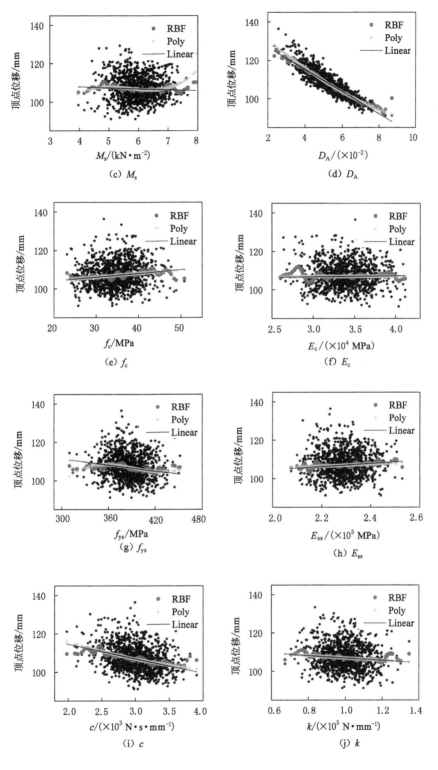

图 3-26(续)

图 3-27 给出了支持向量机重要性测度指标结果,由图 3-27(a)和图 3-27(b)可以看出,采用 3 种不同的核函数时,10 个随机变量的重要性测度指标相差不大,阻尼比对型钢混凝土框架结构最大层间位移角需求和顶点位移需求的影响最大,黏滞阻尼器的阻尼系数次之,其他随机变量的影响较小;由图 3-27(c)可知,混凝土的抗压强度、结构质量、阻尼比和型钢的弹性模量对型钢混凝土框架结构基底剪力需求的影响相对较大,混凝土的弹性模量、黏滞阻尼器的阻尼系数和刚度影响不显著;由图 3-27(d)可以看出,阻尼比对型钢混凝土框架结构最大楼层加速度需求的影响最为显著,黏滞阻尼器的刚度、型钢和钢筋的弹性模量、屈服强度等变量影响较小。

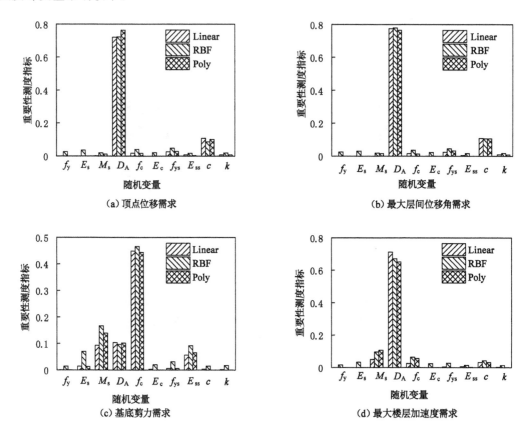

图 3-27　支持向量机重要性测度指标

二、与 MC 法重要性测度指标的对比

MC 法重要性分析是最常用的重要性分析方法。本小节采用此方法进行对比,将采用 RBF 核函数的支持向量机重要性测度指标与 MC 重要性测度指标的结果展示在图 3-28 中。由图 3-28 可知,除结构质量在用两种方法时的重要性测度指标差别较大外,其他随机变量的重要性测度指标差别不大。需要指出的是,本小节提出的支持向量机重要性分析方法的样本数量仅为 MC 方法的 $1/(n+1)$(n 为随机变量的个数,本小节 $n=10$)。

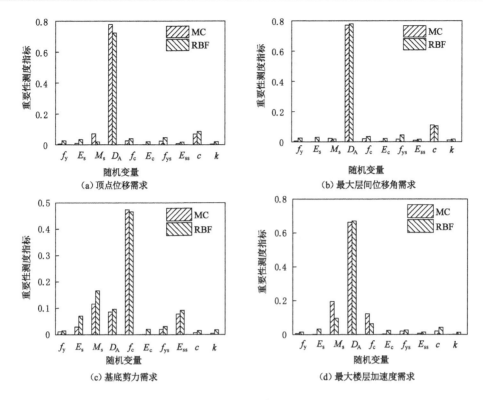

图 3-28　重要性测度指标对比

三、Tornado 图形法敏感性分析结果

Tornado 图形法敏感性排序见图 3-29。由图 3-29 可知，各个随机变量对 4 种不同地震需求的影响水平不太一致。比如黏滞阻尼器的阻尼系数，对最大层间位移角需求和顶点位移需求的影响较大，对最大楼层加速度需求的影响中等，但对基底剪力需求的影响却较小。

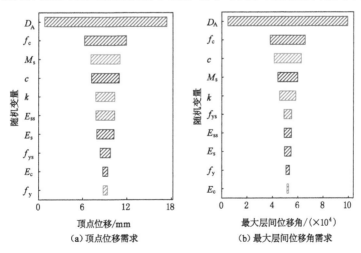

图 3-29　随机变量的敏感性排序(Tornado 图形法)

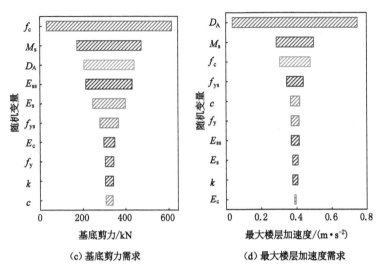

图 3-29（续）

四、结果对比

本节用了 3 种方法进行分析,其中支持向量机重要性分析方法和 MC 重要性分析方法都是全局敏感性分析方法,而 Tornado 图形法是单因素的局部敏感性分析方法。表 3-5 列出了用 3 种方法的重要性排序[9]结果。由表 3-5 可知,3 种方法的重要性排序有一定差异,但影响较大的和较小的随机变量基本一致,其中 M_s、f_c 以及 D_A 影响相对较大,而 E_c 影响较小。

表 3-5　随机变量的重要性排序

地震需求	顶点位移	最大层间位移角	基底剪力	最大楼层加速度
f_y	8-8-10	6-9-9	9-7-8	8-7-6
E_s	6-6-7	5-10-8	5-5-5	5-9-8
M_s	2-2-3	8-3-4	2-2-2	2-2-2
D_A	1-1-1	1-1-1	3-3-3	1-1-1
f_c	4-4-2	4-4-2	1-1-1	3-3-3
E_c	10-10-9	7-9-10	7-10-7	7-8-10
f_{ys}	5-5-8	3-5-6	6-6-6	6-5-4
E_{ss}	7-7-6	10-7-7	4-4-4	9-6-7
c	3-3-4	2-2-3	10-8-10	4-4-5
k	9-9-5	9-6-5	8-9-9	10-10-9

注:第一项为采用 RBF 核函数的支持向量机重要性排序;第二项为 Monte-Carlo 数值模拟法重要性排序;第三项为 Tornado 图形法重要性排序。

五、总结

本节对型钢混凝土框架结构进行了动力时程分析,通过支持向量机算法对随机变量 4 种结构地震需求进行了重要性分析,并对 Tornado 图形法和 MC 法进行了对比。结论如下:

(1)与 MC 法相比,支持向量机重要性分析方法抽取的样本数量仅为 $1/(n+1)$,得到的重要性测度指标结果却基本一致。

(2)本节的 4 种结构地震需求,用上述 3 种分析方法进行分析时,D_A、M_s 和 f_c 的重要性排序均靠前,而 E_c 的重要性排序靠后。

(3)4 种结构地震需求对同一随机变量的重要性不同,即随机变量对不同地震需求影响的显著水平不一样。

(4)采用支持向量机重要性分析方法与 MC 重要性分析方法得到的随机变量重要性排序与 Tornado 图形法的重要性排序结果基本一致,但也有一些差别。

综上,本节提出的支持向量机重要性分析方法是高效准确的,在复杂结构的重要性测度分析中,可以在样本量非常小的情况下,得到与其他方法较一致的结果。

第八节 算 例 4

某 7 层 3 跨的钢筋混凝土框架结构,黏滞阻尼器的阻尼指数为 1,底层层高 4 200 mm,标准层层高 3 600 mm,如图 3-30 所示。柱距均为 6 000 mm,楼板的厚度为 120 mm,混凝土强度等级为 C40,钢筋强度等级为 HRB335,梁柱截面信息见表 3-6,输入随机变量的相关信息如表 3-7 所示。

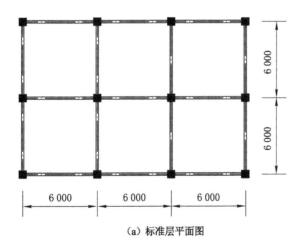

(a)标准层平面图

图 3-30 结构简图

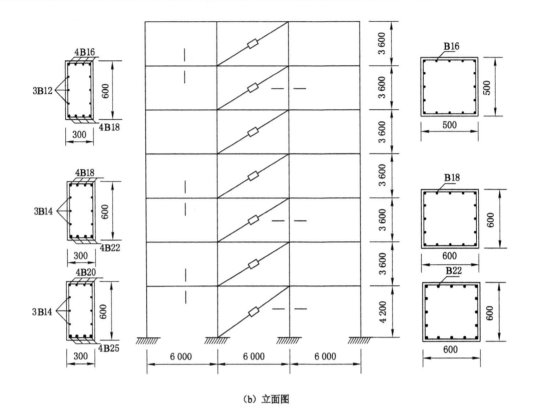

(b) 立面图

图 3-30（续）

表 3-6　截面信息

楼层编号	柱截面尺寸/mm	柱配筋面积/mm²	梁截面尺寸/mm	梁配筋面积/mm²
1	600×600	6 081	300×600	3 220
2～4		4 114		2 537
5～7	500×500	3 216		1 821

表 3-7　输入随机变量的概率分布类型及统计参数

输入随机变量	变异系数	均值	分布类型	符号
黏滞阻尼器的阻尼系数/(kN·s·mm⁻¹)	0.1	3	正态	c
黏滞阻尼器的刚度/(kN·mm⁻¹)	0.1	100	正态	k
阻尼比	0.2	0.055	正态	D_A
结构质量/(kN·m⁻²)	0.1	6	正态	M_s
钢筋屈服强度/MPa	0.078	384	对数正态	f_y
钢筋弹性模量/MPa	0.033	228 559	正态	E_s
混凝土强度/MPa	0.14	34.82	正态	f_c
混凝土弹性模量/MPa	0.08	33 904	正态	E_c

注：表中结构质量取重力载荷代表值。

本节地面运动加速度采用 El Centro 地震波,用 OpenSees 有限元软件进行非线性动力时程分析,运用 Maxwell 单元模拟黏滞阻尼器,柱和梁都采用宏观的非线性纤维梁柱单元,钢筋采用 Steel02 单元材料模型,混凝土采用 Concrete02 单元材料模型,选择基底剪力、顶点位移和最大层间位移角这 3 种地震需求进行重要性测度分析。

OpenSees 中 Concrete02 单元的材料模型,受压段采用 Kent-Scott-Park 本构,受拉段则考虑了混凝土初次开裂后最大拉应变增加时,循环加载刚度的退化和受拉的硬化效应,卸载时遵照修正的 Karsan-Jirsa 卸载准则;Steel02 单元的材料模型采用 Giuffr6-Menegoa0-Pinto 修正模型本构。

一、基于随机森林的重要性测度指标

图 3-31 给出了基于随机森林的重要性测度指标。由图 3-31 可知,同一输入随机变量对 3 种不同的地震需求的影响水平不尽相同,但黏滞阻尼器的刚度和混凝土的弹性模量对 3 种地震需求的影响都较小。

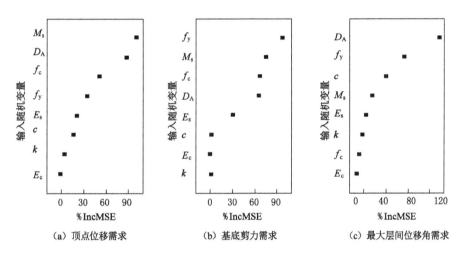

(a) 顶点位移需求   (b) 基底剪力需求   (c) 最大层间位移角需求

图 3-31 随机森林重要性测度指标

二、基于最小角回归的重要性测度指标

图 3-32 给出了基于最小角回归的各个输入随机变量对应的最大层间位移角需求的预测值趋势线。从该图中可以看出,阻尼比、钢筋的屈服强度和黏滞阻尼器的阻尼系数所对应直线的斜率较大,而混凝土的抗压强度和弹性模量以及黏滞阻尼器的刚度所对应直线的斜率较小。由于篇幅所限,其他 2 种地震需求的预测值趋势线不再一一列出。

图 3-33 给出了基于最小角回归和 Monte-Carlo 数值模拟法的重要性测度指标结果。由图 3-33(a)可知,结构质量和阻尼比对结构顶点位移需求的影响最大,而混凝土的弹性模量和黏滞阻尼器的刚度的影响都很小(在图中几乎显现不出),钢筋的屈服强度所对应的两种方法的重要性测度指标相差较大;由图 3-33(b)可知,用两种方法时,各个输入随机变量对结构基底剪力需求的重要性测度指标基本一致,其中钢筋的屈服强度、结构质量和混凝土的抗压强度 3 者影响较大,而混凝土的弹性模量以及黏滞阻尼器的阻尼系数和刚度影响最

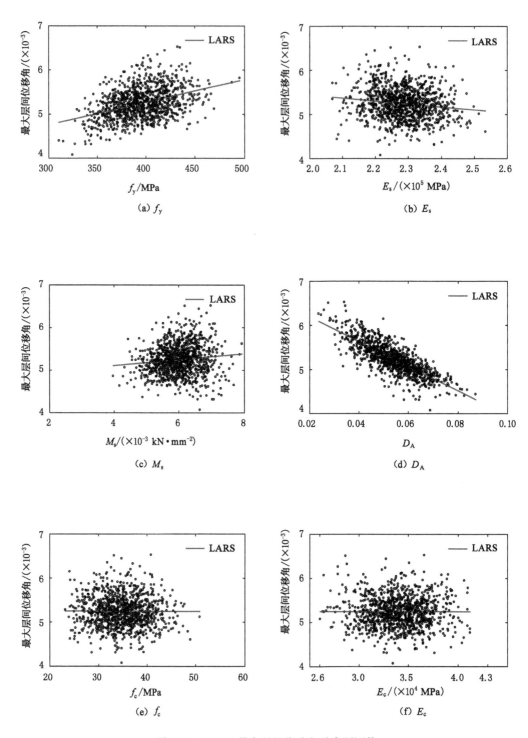

图 3-32　LARS 最大层间位移角需求预测值

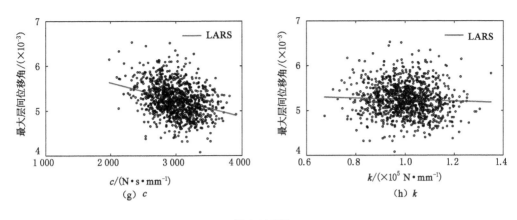

(g) c 　　　　　　　　　　　　(h) k

图 3-32(续)

小。由图 3-33(c)可知,采用 2 种不同的分析方法时,对结构最大层间位移角需求影响最大的是阻尼比,其他输入随机变量的影响较小。

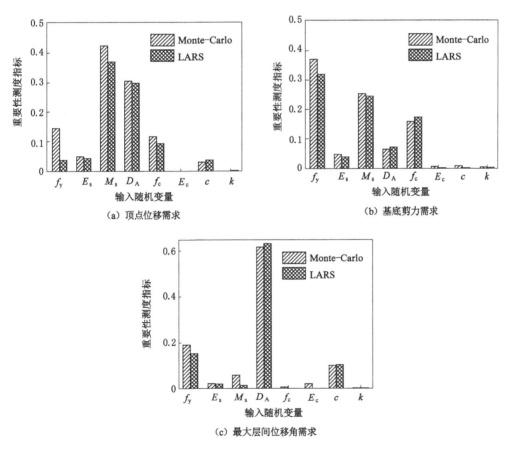

(a) 顶点位移需求　　　　　　　　(b) 基底剪力需求

(c) 最大层间位移角需求

图 3-33　不同方法重要性测度指标

三、结果对比

本节采用 3 种方法进行重要性测度分析，都是全局敏感性分析方法。为便于对这 3 种方法的重要性度量结果进行对比，将以这 3 种方法得到的输入随机变量的重要性测度分析排序结果列于表 3-8 中。

表 3-8　输入随机变量的重要性排序

随机变量	顶点位移	基底剪力	最大层间位移角
f_y	4-5-4	1-1-1	2-2-2
E_s	5-4-5	5-5-5	5-4-5
M_s	1-1-1	2-2-2	4-5-4
D_A	2-2-2	4-4-4	1-1-1
f_c	3-3-3	3-3-3	7-7-6
E_c	8-8-8	7-7-8	8-8-8
c	6-6-6	6-6-6	3-3-3
k	7-7-7	8-8-7	6-6-7

注：第 1 项为基于随机森林回归的重要性排序；第 2 项为基于最小角回归的重要性排序；第 3 项为基于 Monte-Carlo 数值模拟法的重要性排序。

由表 3-8 可知，采用 3 种方法得到的输入随机变量的重要性测度分析排序，除极个别稍有差别外，其余基本完全一致。3 种分析方法的结果均表明：钢筋的屈服强度和阻尼比对 3 种结构地震需求的影响都很显著，黏滞阻尼器的刚度和混凝土的弹性模量的影响都较小。

综上，用 3 种分析方法得到的重要性测度分析指标基本一致，基于随机森林和最小角回归的重要性测度分析方法的样本数仅为 Monte-Carlo 方法的 $\frac{1}{n+1}$（n 为输入随机变量的个数，本节 $n=8$）。

四、总结

本节通过随机森林和最小角回归方法对黏滞阻尼器的钢筋混凝土框架结构进行了非线性动力时程分析。基于 3 种结构地震需求，对 8 个输入随机变量进行了重要性测度分析，并通过 Monte-Carlo 数值模拟法进行对比，得到如下结论：

（1）对于同一种结构地震需求，采用 3 种不同分析方法时，输入随机变量的重要性排序基本相同。

（2）基于随机森林和最小角回归的重要性测度分析方法与 Monte-Carlo 数值模拟法相比，在总样本量少很多的情况下，得到的重要性排序结果与 Monte-Carlo 数值模拟法基本相同。

（3）同一输入随机变量对结构的 3 种不同结构地震需求的重要性排序差别较大，即同一输入随机变量对不同地震需求的影响水平基本不同。

（4）对于本节的 3 种不同结构地震需求，采用上述 3 种不同的重要性测度分析方法时，阻尼比、结构质量和钢筋的屈服强度的重要性排序均靠前，而黏滞阻尼器的刚度和混凝土的弹性模量的重要性排序均靠后。

通过不同分析方法的对比可见,本节提出的基于随机森林和最小角回归的重要性测度分析方法是高效准确的方法,在复杂结构的重要性测度分析中可以使样本量大大减少。这对结构抗震具有重要的参考意义。

第九节　本 章 小 结

本章采用 4 种机器学习算法——最小角回归(LARS)、支持向量机(SVM)、随机森林和神经网络分位数回归(QRNN)对随机变量进行重要性分析,计算了各随机变量对型钢混凝土框架结构的地震需求和地震易损性的重要性测度指标,并对比了用第二章抽样方法得到的方差重要性测度指标。结论如下:

(1)采用本章提到的 4 种机器学习算法得到的重要性测度指标的值与采用第二章抽样法得到的方差重要性测度指标的值有一定差异,但重要性排序几乎没有区别。

(2)由算例 1 和算例 2 都可以看出,各个随机变量对型钢混凝土框架结构地震需求的重要性测度指标和对地震易损性的重要性测度指标有所不同,这是因为随机变量对地震易损性的重要性测度指标属于失效概率问题。

(3)由算例 2 可以看出,在不同地震动记录作用下,对于同一结构来说,同一随机变量的重要性测度指标有一定的差异,即不同地震动记录作用下,同一随机变量对相同结构的影响程度不同。但对本章选取的地震动记录来说,还是有一定规律的,比如在绝大多数地震动记录作用下,f_{ys} 对基底剪力需求的影响最大。

(4)由算例 1 和算例 2 都可以看出,多数地震动记录作用下,D_A 对顶点位移需求和最大层间位移角需求、f_c 对基底剪力需求以及 M_s 对最大楼层加速度需求的重要性测度指标均较大,而 E_{ss}、E_s 和 E_c 对 4 种结构地震需求的重要性测度指标都较小。

第四章　基于矩独立的随机变量重要性分析

本章首先介绍矩独立重要性分析方法的基本原理,给出矩独立重要性测度指标,提出将正交多项式估计(OPE)法应用到矩独立重要性测度指标的求解中,并用常用的核密度估计(KDE)法进行了对比。其次采用第二章的抽样方法,拟在样本数量较少的情况下,较准确地研究各个输入随机变量对输出反应量的影响大小,并与 Monte-Carlo 抽样法进行了对比,验证了其准确性和有效性。最后以此为基础,对型钢混凝土框架结构进行非线性时程分析,基于 4 种结构地震需求,对其进行重要性分析,得到各个随机变量对地震需求以及地震易损性的矩独立重要性测度指标,并分析随机变量对结构地震需求和地震易损性的影响水平。

第一节　矩独立重要性测度指标

一、随机变量对结构地震需求的重要性测度指标 δ

(一)定义

假设 $X_1, X_2, \cdots, X_n$ 为结构中的随机变量,对于结构的输出反应量 $Y = g(X_1, X_2, \cdots, X_n)$,$Y$ 的无条件密度函数记为 $f_Y(y)$,条件密度函数记为 $f_{Y|X_i}(y)$,$f_{Y|X_i}(y)$ 的取值可以根据随机变量 X_i 的实现值 x_i^* 得到。随机变量 X_i 取某一个实现值时对输出反应量分布密度的累积影响可以通过 $f_Y(y)$ 与 $f_{Y|X_i}(y)$ 差的绝对值来表征。随机变量 X_i 取每一个实现值时,输出反应量分布密度的累积影响,可以用下式衡量[117]:

$$s(X_i) = \int_{-\infty}^{+\infty} |f_Y(y) - f_{Y|X_i}(y)| \, \mathrm{d}y \tag{4-1}$$

式中,X_i 表示结构中的输入随机变量,由其密度函数 $f_{X_i}(x_i)$ 来确定如何取不同实现值。$s(X_i)$ 表示图 4-1[32][118] 阴影区域的面积。

当 X_i 按照其密度函数 $f_{X_i}(X_i)$ 取其所有实现值时,对反应量分布函数累积影响的平均值可以表示为 $s(X_i)$ 的数学期望值 $E_{X_i}[s(X_i)]$,其值如下:

$$E_{X_i}[s(X_i)] = \int_{-\infty}^{+\infty} f_{X_i}(x_i) s(X_i) \, \mathrm{d}x_i \tag{4-2}$$

一般来说,随机变量对结构输出反应量分布函数的影响的重要性测度指标在 0 与 1 之间取值,所以可取下式中的 δ_i 对其进行衡量:

$$\delta_i = \frac{1}{2} E_{X_i}[s(X_i)] \tag{4-3}$$

与上述类似,对于一组随机变量 $X_{i_1}, X_{i_2}, \cdots, X_{i_r}$ 的重要性测度指标,可取下式:

$$\delta_{x_{i_1}, x_{i_2}, \cdots, x_{i_r}} = \int f_{X_{i_1}, X_{i_2}, \cdots, X_{i_r}}(X_{i_1}, X_{i_2}, \cdots, X_{i_r}) \times s(X_{i_1}, X_{i_2}, \cdots, X_{i_r}) \mathrm{d}x_{i_1}, x_{i_2}, \cdots, x_{i_r}$$

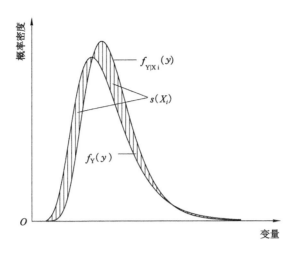

图 4-1　$s(X_i)$ 的几何意义

$$= \frac{1}{2} E_{X_{i_1}, X_{i_2}, \cdots, X_{i_r}} \left[s(X_{i_1}, X_{i_2}, \cdots, X_{i_r}) \right] \qquad (4\text{-}4)$$

式中，$f_{X_{i_1}, X_{i_2}, \cdots, X_{i_r}}(X_{i_1}, X_{i_2}, \cdots, X_{i_r})$ 表示这一组随机变量 $X_{i_1}, X_{i_2}, \cdots, X_{i_r}$ 的联合概率分布函数，$s(X_{i_1}, X_{i_2}, \cdots, X_{i_r}) = \int_{-\infty}^{+\infty} |f_Y(y) - f_{Y \mid X_{i_1}, X_{i_2}, \cdots, X_{i_r}}(y)| \, \mathrm{d}y$，$f_{Y \mid X_{i_1}, X_{i_2}, \cdots, X_{i_r}}(y)$ 为 X_{i_1}，$X_{i_2}, \cdots, X_{i_r}$ 取实现值时 Y 的概率密度函数。

（二）性质

输入随机变量对输出反应量的矩独立重要性测度指标的性质如下[66]：

1. δ_{ij} 不大于 $\delta_i + \delta_{j \mid i}$ 且不小于 δ_i；

2. $\delta_i \in [0, 1]$；

3. 若考虑全部输入随机变量，输入随机变量的重要性测度指标 δ_i 的值为 1；

4. 若输出反应量与输入随机变量无关，其重要性测度指标 δ_i 的值为 0；

5. 若输出反应量 Y 与随机变量 X_j 不相关，而与随机变量 X_i 相关时，$\delta_{ij} = \delta_i$。

二、随机变量对结构失效概率的重要性测度指标 η

在结构的可靠性领域，在进行小失效概率问题的计算时，经常会遇到功能反应函数分布尾部的问题，因而输入随机变量对结构反应量影响程度的大小与输入随机变量对结构失效概率的影响程度的大小不完全等同。基于此，很有必要将输入随机变量对输出反应量分布函数影响的矩独立重要性测度指标，推广扩展到输入随机变量对结构失效概率的重要性测度指标，从而合理准确地分析输入随机变量对结构失效概率分布函数的影响程度。

（一）定义

以 $P_{f_Y} = P\{g(X) \leqslant 0\}$ 来表示 Y 的无条件失效概率，以 $P_{f_{Y \mid X_i}}$ 来表示随机变量 X_i 取实现值时 Y 的条件失效概率，由于结构的失效概率会受到 X_i 在其取值范围内变化的影响，其影响程度可用以下重要性测度指标 η_i 来反映[119]：

$$\eta_i = \frac{1}{2} E_{X_i} \left[\, | \, P_{f_Y} - P_{f_{Y|X_i}} | \, \right] = \frac{1}{2} \int_{-\infty}^{+\infty} \left| \int_F f_Y(y) \mathrm{d}y - \int_F f_{Y|X_i}(y) \mathrm{d}y \right| f_{X_i}(x_i) \mathrm{d}x_i$$

$$= \frac{1}{2} \int_{-\infty}^{+\infty} | \, P_{f_Y} - P_{f_{Y|X_i}} \, | f_{X_i}(x_i) \mathrm{d}x_i \tag{4-5}$$

式中，F 表示由功能函数 $g(x)$ 定义的失效域，即 $F = \{X : g(X) \leqslant 0\}$。

当随机变量 X_i 的不确定性消除以后，其失效概率会受到影响。图 4-2 给出了 P_{f_Y} 和 $P_{f_{Y|X_i}}$ 之间的差别。

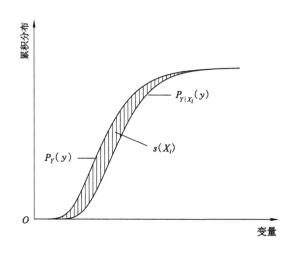

图 4-2　条件失效概率与无条件失效概率之差

与上述类似，一组随机变量 $X_{i_1}, X_{i_2}, \cdots, X_{i_r}$ 对结构基于失效概率的重要性测度指标，可取下式：

$$\eta_{i_1, i_2, \cdots, i_r} = \frac{1}{2} E_{X_{i_1}, X_{i_2}, \cdots, X_{i_r}} \left[\, | \, P_{f_Y} - P_{f_{Y|X_{i_1}, X_{i_2}, \cdots, X_{i_r}}} \, | \, \right] \tag{4-6}$$

（二）性质

与输入随机变量对结构地震需求的分布函数的矩独立重要性测度指标的性质类似，可以得到输入随机变量对结构失效概率的矩独立重要性测度指标的性质[119]：

1. η_{ij} 不大于 $\eta_i + \eta_{j|i}$ 且不小于 η_i；

2. $\eta_i \in [0,1]$；

3. $\eta_{\max}$ 的值为 $\eta_{1,2,\cdots,n}$；

4. 若结构的失效概率与输入随机变量无关，则其重要性测度指标 η_i 的值为 0；

5. 在输入随机变量 X_i 对结构的失效概率影响的基础上，若增加输入随机变量 X_j 对结构的失效概率的影响且不会增加，则有 $\eta_i = \eta_{ij}$。

（三）两种矩独立重要性测度指标的比较

根据上述两种随机变量的矩独立重要性测度指标的定义，矩独立重要性测度指标 δ 和 η 都可以表示输入随机变量对结构反应量影响的程度。但是两者的含义有所不同——矩独立重要性测度指标 δ 表示输入随机变量对结构地震需求等输出反应量的整个分布域影响的程度，而矩独立重要性测度指标 η 表示输入随机变量对结构失效概率的影响程度，由此可见两者研究的范围不同,因而适用的范围有区别。如在结构的抗震分析中,为研究随机变量对结构地震需求影响的程度,矩独立重要性测度指标 δ 更受关注;而在结构地震易损性和结构可靠性分析中,矩独立重要性测度指标 η 更适用于这一问题的研究。基于此,本章用式(4-5)和式(4-6)研究随机变量对结构地震易损性的影响程度。

第二节　计 算 流 程

随机抽取 N 个 Sobol 序列样本,然后将各随机变量 X_i 的概率分布特征转化为为其概率分布类型,并将其代入结构的有限元模型中,就可以得到输出反应量 Y 的 N 个样本值。然后分别用正交多项式估计(OPE)法和核密度估计(KDE)法,来估计输出反应量 Y 的无条件概率密度函数 $f_Y(y)$ 以及条件概率密度函数 $f_{Y|x_i}(y)$,将其代入式(4-3)~式(4-6),即可得到所需要的各输入随机变量的矩独立重要性测度指标。本章求解随机变量的两种矩独立重要性测度指标的具体计算流程如图 4-3 所示。

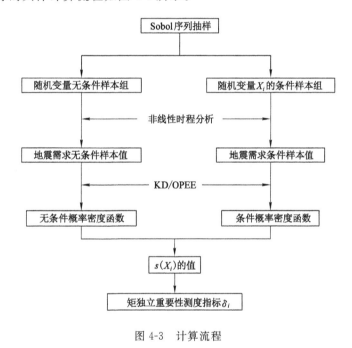

图 4-3　计算流程

第三节　算 例 1

本例与第三章第四节算例相同,以下将分别分析本章的矩独立重要性测度指标。

一、随机变量对地震需求的重要性测度分析

(一)矩独立重要性测度指标结果

(1)顶点位移需求

图 4-4 给出了随机变量对顶点位移需求的矩独立重要性测度指标。由图 4-4(a)和图 4-4(b)

可知,在结构纵向,D_A 对结构顶点位移需求的矩独立重要性测度指标最大,其余输入随机变量的矩独立重要性测度指标较小;各个随机变量的矩独立重要性测度指标在 $N<384$ 时变化较大,在 $N\geqslant384$ 时趋于稳定。

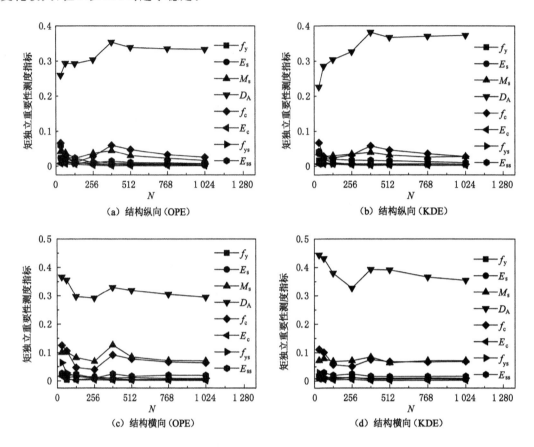

图 4-4　顶点位移需求的矩独立重要性测度指标

由图 4-4(c)和图 4-4(d)可以看出,当采用正交多项式估计解法(OPE)和核密度估计解法(KDE)时,在结构横向,D_A 对结构顶点位移需求的矩独立重要性测度指标最大,M_s 和 f_c 的矩独立重要性测度指标较大,其余输入随机变量的矩独立重要性测度指标较小;各个随机变量的矩独立重要性测度指标在 $N<384$ 时变化较大,在 $N\geqslant384$ 时趋于稳定。

整体上,由图 4-4 可以看出,D_A 对结构顶点位移需求影响最大,其余输入随机变量的影响相对较小。

（2）基底剪力需求

图 4-5 给出了随机变量对基底剪力需求的矩独立重要性测度指标。由图 4-5(a)和图 4-5(b)可知,当采用正交多项式估计解法(OPE)和核密度估计解法(KDE)时,在结构纵向,D_A 对结构基底剪力需求的矩独立重要性测度指标最大,M_s 和 f_c 其次,其余输入随机变量的矩独立重要性测度指标较小;各个随机变量的矩独立重要性测度指标在 $N<384$ 时变化较大,在 $N\geqslant384$ 时趋于稳定。

由图 4-5(c)和图 4-5(d)可以看出,在结构横向,f_c 对结构基底剪力需求的矩独立重要

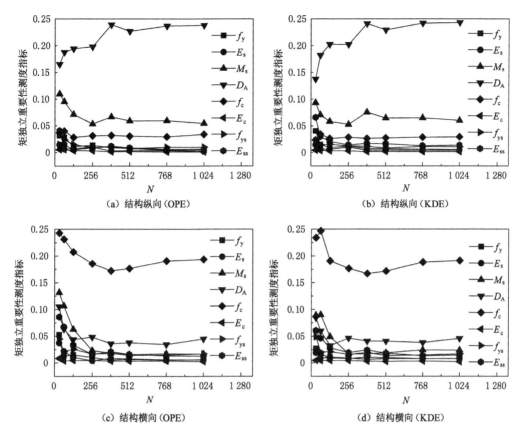

图 4-5 基底剪力需求的矩独立重要性测度指标

性测度指标最大,D_A 次之,其余输入随机变量的矩独立重要性测度指标都较小;各个随机变量的矩独立重要性测度指标在 $N<384$ 时变化较大,在 $N\geqslant384$ 时趋于稳定。

整体上,由图 4-5 可以看出,各个随机变量对型钢混凝土框架结构纵向和结构横向基底剪力需求的影响有一定差异,但采用两种不同的求解方法时,得到的同一变量矩独立重要性测度指标差别不大。

(3)最大楼层加速度需求

图 4-6 给出了随机变量对最大楼层加速度需求的矩独立重要性测度指标。由图 4-6(a)和图 4-6(b)可以看出:在结构纵向,M_s 对结构最大楼层加速度需求的矩独立重要性测度指标最大,f_c 和 D_A 次之,其余输入随机变量的矩独立重要性测度指标较小。各个随机变量的矩独立重要性测度指标在 $N<384$ 时变化较大;在 $N\geqslant384$ 时,除 f_c 和 M_s 两者的矩独立重要性测度指标有所增加外,其余各随机变量的矩独立重要性测度指标趋于稳定。

由图 4-6(c)和图 4-6(d)可以看出:在结构横向,M_s、f_c 和 D_A 对结构最大楼层加速度需求的矩独立重要性测度指标较大,其余输入随机变量的矩独立重要性测度指标较小。各个随机变量的矩独立重要性测度指标在 $N<384$ 时变化较大;在 $N\geqslant384$ 时,除 M_s 的矩独立重要性测度指标有所增加外,各随机变量的矩独立重要性测度指标趋于稳定。

由图 4-6 可以看出,在结构两个方向,M_s 对最大楼层加速度需求影响最大,f_c 和 D_A 次

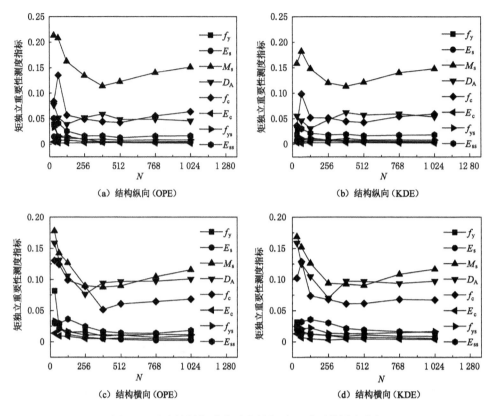

图 4-6　最大楼层加速度需求的矩独立重要性测度指标

之,其余输入随机变量的影响相对较小。

（4）最大层间位移角需求

图 4-7 给出了随机变量对最大层间位移角需求的矩独立重要性测度指标。由图 4-7（a）和图 4-7（b）可以看出:在结构纵向,D_A 对结构最大层间位移角需求的矩独立重要性测度指标最大,其余输入随机变量的矩独立重要性测度指标较小。各个随机变量的矩独立重要性测度指标在 $N<384$ 时变化较大;在 $N \geqslant 384$ 时趋于稳定。

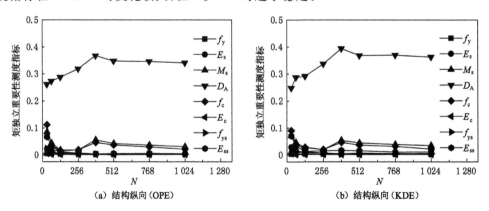

图 4-7　最大层间位移角需求的矩独立重要性测度指标

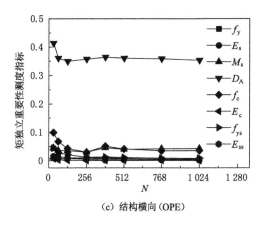
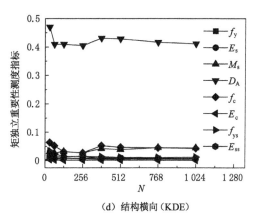

(c) 结构横向(OPE)　　　　　　(d) 结构横向(KDE)

图 4-7(续)

由图 4-7(c)和图 4-7(d)可以看出,当采用正交多项式估计解法(OPE)和核密度估计解法(KDE)时,在结构横向,D_A 对结构最大层间位移角需求的矩独立重要性测度指标最大,其余输入随机变量的矩独立重要性测度指标较小。各个随机变量的矩独立重要性测度指标在 $N \geqslant 384$ 时趋于稳定。

由图 4-7 可以看出,D_A 对结构最大层间位移角需求影响最大,其余输入随机变量的影响相对较小。

由图 4-4～图 4-7 可以看出,对这 4 种结构地震需求而言,当 N 不小于 384 时,各个输入随机变量的矩独立重要性测度指标值变化较小,重要性的相对大小基本不变。

(二) 两种求解方法结果对比

图 4-8 给出了 $N=1\,024$,分别采用正交多项式估计解法(OPE)和核密度估计解法(KDE)时,各随机变量对结构纵向 4 种地震需求的矩独立重要性测度指标。由图 4-8(a)可知,D_A 对顶点位移需求的矩独立重要性测度指标最大;通过对数据进行计算,以 f_c 的矩独立重要性测度指标为例,采用正交多项式估计解法(OPE)时,比采用核密度估计解法(KDE)时低 7.0%。

由图 4-8(b)可看出,D_A 对基底剪力需求的矩独立重要性测度指标较大,M_s 和 f_c 次之;通过对数据进行计算,以 D_A 的矩独立重要性测度指标为例,采用正交多项式估计解法(OPE)时,比采用核密度估计解法(KDE)时,低 2.2%可见两者相差较小。

由图 4-8(c)可看出,M_s、D_A 和 f_c 对最大楼层加速度需求的矩独立重要性测度指标较大;通过对数据进行计算,以 M_s 的矩独立重要性测度指标为例,采用正交多项式估计解法(OPE)时,比采用核密度估计解法(KDE)时低 2.2%。

由图 4-8(d)可看出,D_A 对最大层间位移角需求的矩独立重要性测度指标最大;通过对数据进行计算,以 f_c 的矩独立重要性测度指标为例,采用正交多项式估计解法(OPE)时,比采用核密度估计解法(KDE)时低 3.1%,可见两者相差较小。

由以上分析可以看出,采用两种方法求解时,各随机变量对 4 种结构纵向地震需求的矩独立重要性测度指标基本一致。

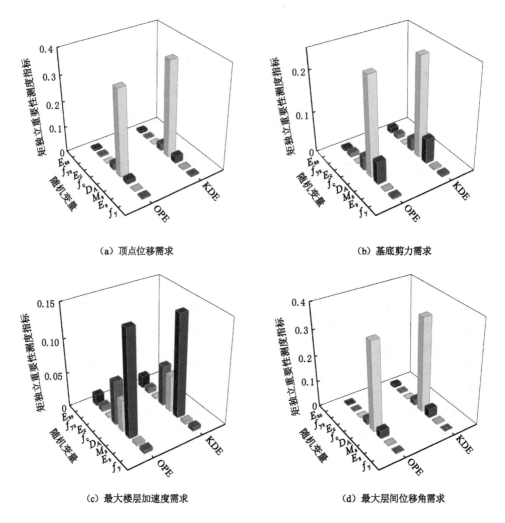

（a）顶点位移需求　　　　　　　　　　　（b）基底剪力需求

（c）最大楼层加速度需求　　　　　　　　（d）最大层间位移角需求

图 4-8　两种求解方法结果对比（结构纵向）

图 4-9 给出了 $N=1\ 024$，分别采用正交多项式估计解法（OPE）和核密度估计解法（KDE）时，结构横向的各随机变量对 4 种地震需求的矩独立重要性测度指标。由图 4-9（a）可看出，D_A 对结构横向顶点位移需求的矩独立重要性测度指标较大，M_s 和 f_c 次之；通过对数据进行计算，以 M_s 的矩独立重要性测度指标为例，采用正交多项式估计解法（OPE）时，比采用核密度估计解法（KDE）时低 0.9%。

从图 4-9（b）中可以看出，f_c 对基底剪力需求的矩独立重要性测度指标较大，D_A 次之；通过对数据进行计算，以 D_A 的矩独立重要性测度指标为例，采用正交多项式估计解法（OPE）时，比采用核密度估计解法（KDE）时，高 2.6%，可见两者相差较小。

从图 4-9（c）中可以看出，M_s、D_A 和 f_c 对最大楼层加速度需求的矩独立重要性测度指标较大；通过对数据进行计算，以 M_s 的矩独立重要性测度指标为例，采用正交多项式估计解法（OPE）时，比采用核密度估计解法（KDE）时低 0.6%。

从图 4-9（d）中可以看出，D_A 对最大层间位移角需求的矩独立重要性测度指标最大，M_s 和 f_c 次之；通过对数据进行计算，以 M_s 的矩独立重要性测度指标为例，采用正交多项式估

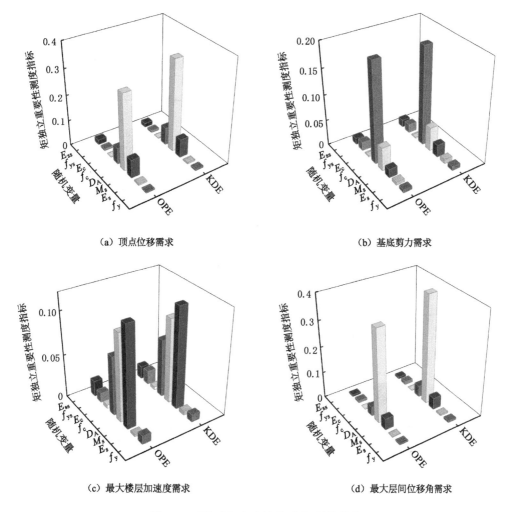

（a）顶点位移需求 （b）基底剪力需求

（c）最大楼层加速度需求 （d）最大层间位移角需求

图 4-9 两种求解方法结果对比（结构横向）

计解法（OPE）时，比采用核密度估计解法（KDE）时低 3.8%，可见两者相差较小。

从以上分析中可以看出，采用两种求解方法时，各个随机变量对结构横向 4 种地震需求的矩独立重要性测度指标相差不大。

（三）结构两个方向结果对比

图 4-10 给出了 $N=1\,024$，采用正交多项式估计解法（OPE）时，各随机变量对结构纵向和结构横向的 4 种地震需求的矩独立重要性测度指标。由图 4-10（a）可以看出，D_A 对两个方向的顶点位移需求的矩独立重要性测度指标都是最大的，M_s 和 f_c 次之，其余各随机变量的矩独立重要性测度指标较小。由图 4-10（b）可以看出，D_A 对结构纵向基底剪力需求的矩独立重要性测度指标最大，f_c 对结构横向基底剪力需求的矩独立重要性测度指标最大；同一随机变量对两个方向的基底剪力需求的矩独立重要性测度指标差异较大。由图 4-10（c）可以看出，D_A、M_s 和 f_c 对两个方向的最大楼层加速度需求的矩独立重要性测度指标较大，其余各随机变量的矩独立重要性测度指标较小，且同一随机变量对两个方向的最大楼层加

速度需求的矩独立重要性测度指标存在一定的差异。由图 4-10(d)可以看出，D_A 对两个方向的最大层间位移角需求的矩独立重要性测度指标都是最大的，其余各随机变量的矩独立重要性测度指标较小；同一随机变量对两个方向的最大层间位移角需求的矩独立重要性测度指标存在一定的差异。

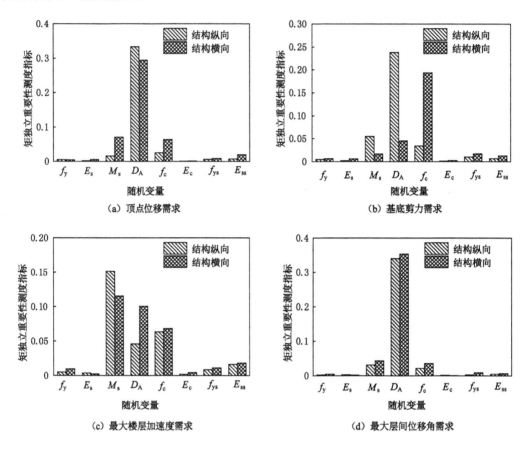

图 4-10　结构两个方向结果对比（OPE）

图 4-11 给出了 $N=1\,024$，采用核密度估计解法（KDE）时，各随机变量对结构纵向和结构横向的 4 种地震需求的矩独立重要性测度指标。由图 4-11(a)可以看出，D_A 对两个方向的顶点位移需求的矩独立重要性测度指标都是最大的，其余各随机变量的矩独立重要性测度指标较小。由图 4-11(b)可以看出，D_A 对结构纵向基底剪力需求的矩独立重要性测度指标最大，f_c 对结构横向基底剪力需求的矩独立重要性测度指标最大；同一随机变量对两个方向的基底剪力需求的矩独立重要性测度指标差异较大。由图 4-11(c)可以看出，D_A、M_s 和 f_c 对两个方向的最大楼层加速度需求的矩独立重要性测度指标较大，其余各随机变量的矩独立重要性测度指标较小；同一随机变量对两个方向的最大楼层加速度需求的矩独立重要性测度指标存在一定的差异。由图 4-11(d)可以看出，D_A 对两个方向的最大层间位移角需求的矩独立重要性测度指标都是最大的，其余各随机变量的矩独立重要性测度指标较小；同一随机变量对两个方向的最大层间位移角需求的矩独立重要性测度指标存在一定的差异。

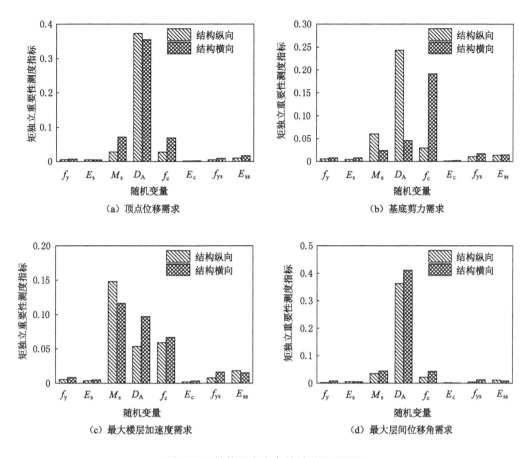

图 4-11　结构两个方向结果对比(KDE)

二、随机变量对地震易损性的重要性分析

（一）两种求解方法结果对比

图 4-12 给出了各个随机变量在暂时使用性能状态下,以最大层间位移角为损伤指标时,对结构地震易损性的矩独立重要性测度指标。由图 4-12 可知,D_A 对结构纵向地震易损性的矩独立重要性测度指标最大,其余各个随机变量的较小;采用两种不同的求解方法时,矩独立重要性测度指标差别不大。

（二）结构地震需求与地震易损性结果对比

图 4-13 给出了各个随机变量对结构纵向最大层间位移角需求与结构地震易损性的矩独立重要性测度指标。由图 4-13 可知,不管采用哪一种求解方法,D_A 对结构地震需求和地震易损性的矩独立重要性测度指标最大,E_c 和 E_s 的矩独立重要性测度指标较小;同一随机变量对结构地震需求和结构地震易损性的矩独立重要性测度指标值有一定差别,例如从该图中可以看出,D_A 对结构地震需求的矩独立重要性测度指标比对结构地震易损性的矩独立重要性测度指标大。

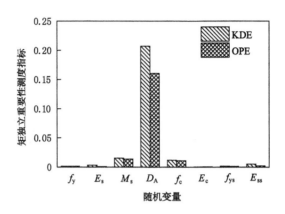

图 4-12 两种求解方法结果对比(地震易损性、最大层间位移角)

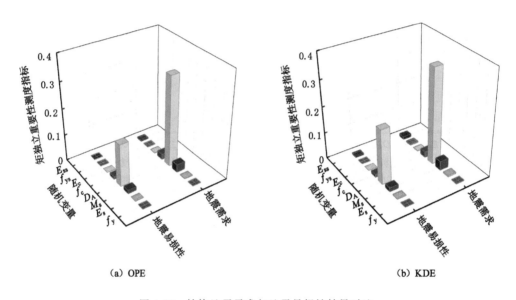

(a) OPE   (b) KDE

图 4-13 结构地震需求与地震易损性结果对比

第四节 算 例 2

本例与第二章第六节算例相同,以下将分别分析本章的矩独立重要性测度指标。

一、随机变量对地震需求的重要性测度分析

(一)矩独立重要性测度指标结果

(1)顶点位移需求

图 4-14 给出了各随机变量对顶点位移需求的矩独立重要性测度指标。由图 4-14 可知,不管采用哪一种求解方法(正交多项式估计法和核密度估计法),对选取的多数地震动记录来说,D_A、M_s 和 f_{ys} 对结构顶点位移需求的矩独立重要性测度指标较大,其余随机变量较

小;同时可以看出,不同地震动记录作用下,同一随机变量的矩独立重要性测度指标具有一定的离散性,即不同地震动记录作用下,同一随机变量的矩独立重要性测度指标不同。

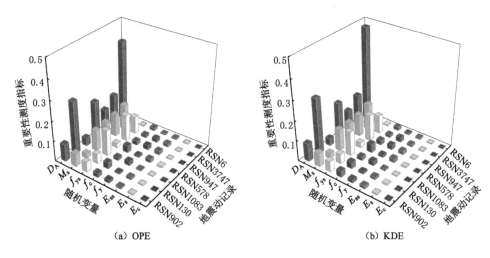

图 4-14　顶点位移需求的矩独立重要性测度指标

（2）基底剪力需求

图 4-15 给出了各随机变量对基底剪力需求的矩独立重要性测度指标。由图 4-15 可知,不管采用正交多项式估计法还是核密度估计法,对选取的多数地震动记录来说,f_{ys}对结构基底剪力需求的矩独立重要性测度指标最大;同时可以看出,不同地震动记录作用下,同一随机变量的矩独立重要性测度指标有一定的差异,具有离散性,即不同地震动记录作用下,同一随机变量对基底剪力需求的矩独立重要性测度指标不同。

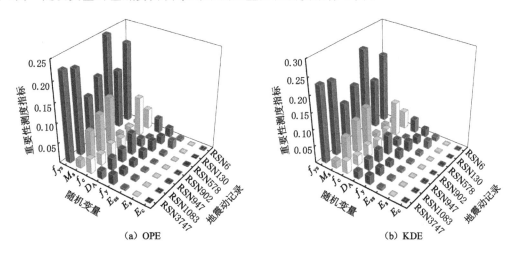

图 4-15　基底剪力需求的矩独立重要性测度指标

（3）最大楼层加速度需求

图 4-16 给出了各随机变量对最大楼层加速度需求的矩独立重要性测度指标。由图 4-16 可以看出,不管采用哪一种求解方法(正交多项式估计法和核密度估计法),对选取的多数地

震动记录来说，M_s、f_{ys} 和 D_A 对结构最大楼层加速度需求的矩独立重要性测度指标较大，E_{ss}、E_s 和 E_c 的矩独立重要性测度指标都较小；不同地震动记录作用下，同一随机变量的矩独立重要性测度指标有一定的差异，具有离散性，即不同地震动记录对同一随机变量的矩独立重要性测度指标的影响不同。

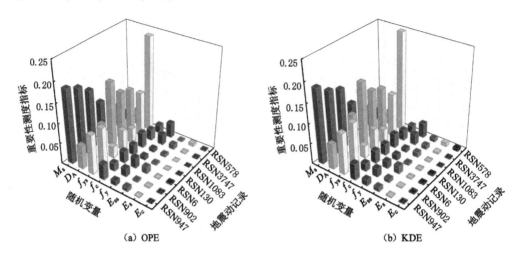

图 4-16　最大楼层加速度需求的矩独立重要性测度指标

（4）最大层间位移角需求

图 4-17 给出了各随机变量对最大层间位移角需求的矩独立重要性测度指标。由图 4-17 可以看出，不管采用正交多项式估计法还是核密度估计法，对选取的 7 条地震动记录中的多数来说，D_A、M_s 和 f_{ys} 对结构最大层间位移角需求的矩独立重要性测度指标较大，E_{ss}、E_s 和 E_c 的矩独立重要性测度指标都比较小；不同地震动记录作用下，同一随机变量的矩独立重要性测度指标有差异，具有离散性，即不同地震动记录作用下，同一随机变量对最大层间位移角需求的矩独立重要性测度指标不同。

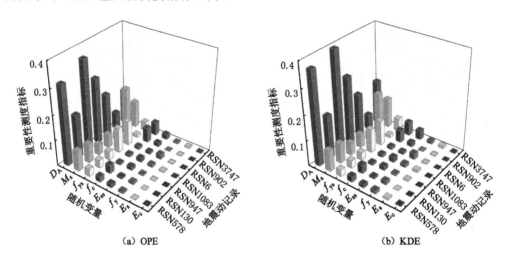

图 4-17　最大层间位移角需求的矩独立重要性测度指标

（二）两种求解方法结果对比

图 4-18 给出了地震动记录 RSN902 作用下，分别采用正交多项式估计（OPE）和核密度估计（KDE）求解方法时，各个随机变量对 4 种结构地震需求的矩独立重要性测度指标。由图 4-18 可以看出，采用 OPE 解法和 KDE 解法得到的各个随机变量的矩独立重要性测度指标相差不大。以 M_s 对 4 种地震需求的矩独立重要性测度指标为例，对数据进行计算可得，采用 OPE 解法时，顶点位移、基底剪力、最大楼层加速度和最大层间位移角 4 种地震需求的矩独立重要性测度指标分别比采用 KDE 解法时低 1.8%、4.9%、3.9% 和 11.8%，可见其值差别整体不大。

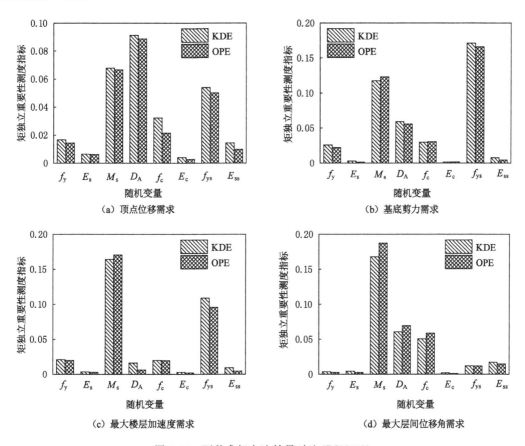

(a) 顶点位移需求   (b) 基底剪力需求

(c) 最大楼层加速度需求   (d) 最大层间位移角需求

图 4-18　两种求解方法结果对比（RSN902）

二、随机变量对地震易损性的重要性分析

（一）两种求解方法结果对比

图 4-19 给出了在 RSN902 地震动记录的作用下，结构在生命安全性能状态下，各个随机变量以最大层间位移角为损伤指标时，对结构地震易损性的矩独立重要性测度指标。由图 4-19 可知，M_s、D_A 和 f_c 对结构地震易损性的矩独立重要性测度指标最大，其余随机变量的矩独立重要性测度指标较小；对数据进行计算可得，采用 OPE 解法时，f_{ys} 对结构地震易损性的矩独立重要性测度指标比采用 KDE 解法时高 8.7%，可见其值差别整体不大。

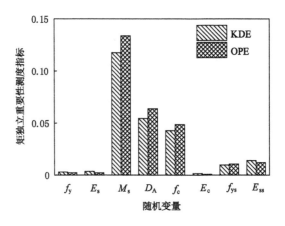

图 4-19　两种求解方法结果对比（RSN902、最大层间位移角）

（二）结构地震需求与地震易损性结果对比

图 4-20 给出了各个随机变量对结构最大层间位移角需求与结构地震易损性的矩独立重要性测度指标。由图 4-20 可知，不管采用哪一种求解方法，M_s、D_A 和 f_c 对结构地震需求和地震易损性的矩独立重要性测度指标较大，E_c 和 E_s 的矩独立重要性测度指标较小；同一随机变量对结构地震需求和结构地震易损性的矩独立重要性测度指标值有一定差别，例如从该图中可以看出，M_s 对结构地震需求的矩独立重要性测度指标比对结构地震易损性的矩独立重要性测度指标要大。

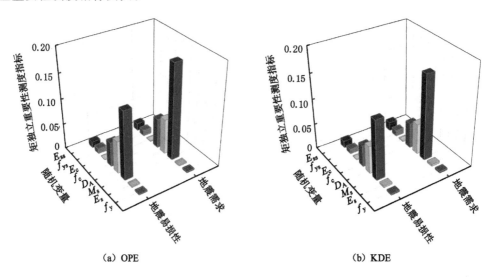

（a）OPE　　　　　　　　　　　　　　（b）KDE

图 4-20　结构地震需求与地震易损性结果对比

第五节　算　例　3

以工程中常见的钢筋混凝土框架结构（Reinforced Concrete Frame Structure，以下简称 RCFS）和型钢混凝土框架结构（Steel Reinforced Concrete Frame Structure，以下简称

SRCFS)为例,对影响结构地震需求的地震动强度以及结构中的随机变量进行重要性分析。两例均为 7 层 3 跨框架结构,8 度设防(0.3g),结构中柱距均为 6.0 m,混凝土等级为 C30,钢筋等级为 HRB335,随机变量的概率统计信息如表 4-1 所示,结构尺寸一致,具体截面信息见表 4-2。所不同的是,型钢混凝土框架结构中配有型钢,型钢为焊接 H 型钢,型钢等级为 Q345,600×600 柱中型钢为 H400×400×11×18,500×500 柱中型钢为 H300×300×10×15,梁中型钢为 H140×440×10×16,受篇幅所限,仅给出型钢混凝土框架结构简图,如图 4-21 所示。

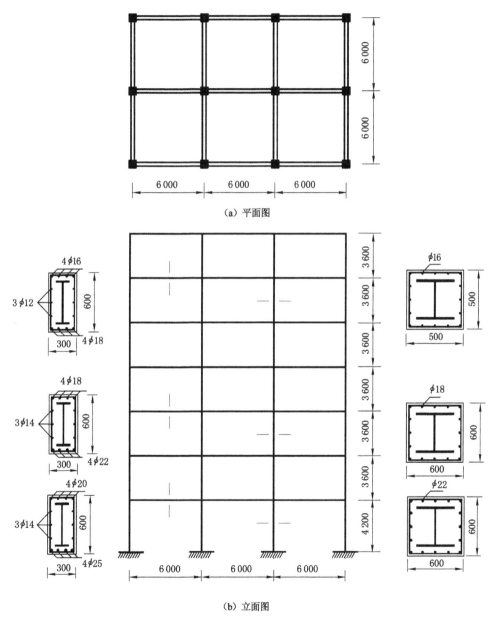

(a) 平面图

(b) 立面图

图 4-21　结构简图

表 4-1 随机变量的概率分布类型及统计参数[120-124]

随机变量	符号	分布类型	均值	变异系数
钢筋的屈服强度/MPa	f_y	对数正态分布	384	0.078
钢筋的弹性模量/MPa	E_s	正态分布	228 559	0.033
结构质量/(kN·m^{-2})	M_s	正态分布	6	0.1
阻尼比	D_A	正态分布	0.05	0.2
混凝土抗压强度/MPa	f_c	正态分布	30.8	0.14
混凝土弹性模量/MPa	E_c	正态分布	33 904	0.08
型钢的屈服强度/MPa	f_{ys}	正态分布	396	0.078
型钢的弹性模量/MPa	E_{ss}	正态分布	228 559	0.033
地震动强度/(m·s^{-2})	P_{GA}	极值Ⅱ型[122]	1.74	1.416

注:表中结构质量为重力载荷代表值。

表 4-2 截面信息

楼层编号	柱截面尺寸/mm	钢筋面积(单侧)/mm²	梁截面尺寸/mm	钢筋面积/mm²	
				底部	顶部
1	600×600	1 900	300×600	1 964	1 256
2	600×600	1 272	300×600	1 520	1 017
3	600×600	1 272	300×600	1 520	1 017
4	600×600	1 272	300×600	1 520	1 017
5	500×500	1 005	300×600	1 017	804
6	500×500	1 005	300×600	1 017	804
7	500×500	1 005	300×600	1 017	804

本节选取的 128 条地震波均来自美国太平洋地震工程研究中心 PEER 中的强震数据库,全部缩放至相同的峰值地面运动加速度 PGA,所有记录的场地断层距均大于 10 km,$260 \leqslant v_{s30} \leqslant 500$,作用于框架结构的纵向,详见表 4-3。

表 4-3 地面运动加速度记录

地震名称	发生时间	震级	记录次数	地震名称	发生时间	震级	记录次数
San Fernando	1971 年	6.6	6	Cape Mendocino	1992 年	7.0	6
Northridge-01	1994 年	6.7	44	Big Bear-01	1992 年	6.5	16
Kocaeli_urkey	1999 年	7.5	4	Southern Calif	1952 年	6.0	2
Kern County	1952 年	7.4	2	Friuli_Italy-02	1976 年	5.9	4
Taiwan ART1(45)	1986 年	7.3	34	Santa Barbara	1978 年	5.9	2
Hector Mine	1999 年	7.1	6	Ma mmoth akes—06	1980 年	5.9	2

一、模型分析

采用 OpenSees 软件进行非线性时程分析,柱在地震作用下更容易发生塑性破坏,所以采用"强柱弱梁"的设计理念,梁和柱都采用非线性纤维梁柱单元,钢筋和型钢采用 Steel02 单元材料模型,混凝土采用 Concrete02 单元材料模型。

OpenSees 中 Steel02 单元材料模型采用 Giuffr6-Menegoa0-Pinto 修正模型[125],Concrete02 单元材料模型的受拉段考虑了材料的初次开裂以后,循环加载刚度随着最大拉应变的增加的退化效应以及受拉硬化效应,卸载的应力-应变关系按照修正的 Karsan-Jirsa 卸载规则[126],受压段则采用 Kent-Scott-Park 本构模型[127]。

二、抽样方法

得到样本的方法有简单随机抽样、Sobol 序列、拉丁方抽样等抽样技术,一般 Sobol 序列样本比其他样本的收敛速度更优,所以本节采用 Sobol 序列样本并通过 OpenSees 软件进行非线性时程分析。具体思路如下:首先根据各个随机变量的概率密度函数抽取 N 组样本,通过非线性时程分析得到 N 组无条件样本值。其次取以上 X_i 的实现值,根据其他随机变量的概率密度函数随机抽取 N 组样本,通过非线性时程分析得到对应的条件样本值。最后用核密度估计法求出各个随机变量对框架结构地震需求影响的重要性测度指标 δ,选择顶点位移、最大层间位移角、基底剪力和最大楼层加速度这 4 种地震需求进行重要性分析,以便能够体现钢筋混凝土框架结构的抗震性能。

三、矩独立重要性分析结果

在 N 组随机变量样本中随机抽取一组,给出了钢筋混凝土框架结构对应的 4 种结构地震需求的时程曲线(见图 4-22),限于篇幅,不再给出型钢混凝土框架结构对应的时程曲线。

本节得到了各个随机变量对应的 4 种地震需求的矩独立重要性测度指标,如表 4-4 所示。

表 4-4　矩独立重要性测度指标

随机变量	顶点位移需求		最大层间位移角需求		基底剪力需求		最大楼层加速度需求	
	RCFS	SRCFS	RCFS	SRCFS	RCFS	SRCFS	RCFS	SRCFS
f_y	0.009 1	0.015 2	0.023 1	0.018 2	0.017 3	0.025	0.016 4	0.027 8
E_s	0.012 1	0.017 8	0.019 2	0.021 7	0.007 3	0.024 1	0.014 7	0.029 0
M_s	0.013 6	0.018 2	0.021 4	0.016 3	0.008 2	0.021 7	0.019 2	0.023 2
D_A	0.021 3	0.032 7	0.034 2	0.029 4	0.024 3	0.036 3	0.032 6	0.042 2
f_c	0.018 3	0.023 8	0.029 7	0.026 1	0.018 5	0.028 6	0.028 4	0.031 6
E_c	0.006 4	0.008 4	0.004 1	0.007 2	0.004 7	0.015 8	0.005 8	0.017 5
f_{ys}	—	0.015 1	—	0.019 4	—	0.023 6	—	0.025 9
E_{ss}	—	0.016 8	—	0.02 1	—	0.026 5	—	0.026 3
P_{GA}	0.143 1	0.484 9	0.245 4	0.540 8	0.186 2	0.485 8	0.385 9	0.626 3

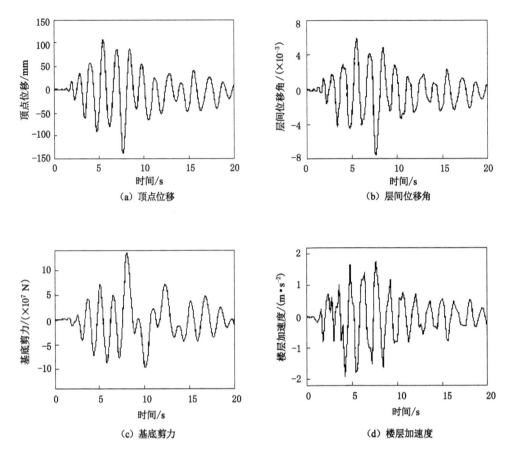

图 4-22　时程曲线(钢筋混凝土)

由表 4-4 可知,地震动强度对应的矩独立重要性测度指标要远远大于其他各个随机变量,本节只将结构中的随机变量所对应的重要性测度指标值画在图中,如图 4-23 所示。

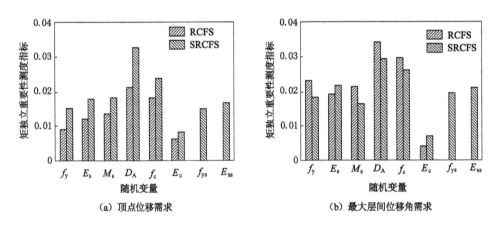

图 4-23　矩独立重要性测度指标

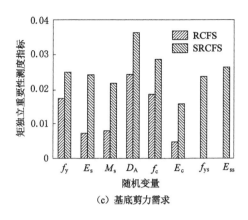
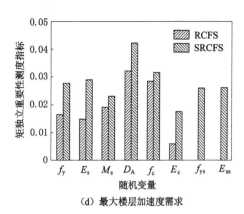

（c）基底剪力需求 　　　　　　　　　　（d）最大楼层加速度需求

图 4-23（续）

由图 4-23（a）可知，阻尼比和混凝土的抗压强度对两种框架结构顶点位移需求的影响显著，混凝土的弹性模量的影响较小，型钢的屈服强度和弹性模量都对型钢混凝土框架结构的最大层间位移角需求影响较大。

由图 4-23（b）可知，阻尼比、混凝土的抗压强度、型钢的屈服强度和弹性模量对钢筋混凝土框架结构最大层间位移角需求的影响显著，混凝土的弹性模量的影响最小，阻尼比和混凝土的抗压强度对型钢混凝土框架结构最大层间位移角需求的影响显著。

由图 4-23（c）可知，对钢筋混凝土框架结构基底剪力需求影响较大的随机变量除地震动强度外还有阻尼比、混凝土的抗压强度和钢筋的屈服强度，其他各个随机变量的影响都较小；对型钢混凝土框架结构基底剪力需求影响较大的随机变量除地震动强度外还有阻尼比、混凝土的抗压强度、型钢的弹性模量和钢筋的屈服强度，其他各个随机变量的影响相对较小。

由图 4-23（d）可知，对钢筋混凝土框架结构最大楼层加速度需求影响由大到小的排序为地震动强度、阻尼比、混凝土的抗压强度、结构质量、钢筋的屈服强度和弹性模量、混凝土的弹性模量；对型钢混凝土框架结构最大楼层加速度需求影响由大到小的排序为地震动强度、阻尼比、混凝土的抗压强度、钢筋的弹性模量和屈服强度、型钢的屈服强度和弹性模量、结构质量、混凝土的弹性模量。

由以上分析可知，采用矩独立重要性分析方法时，地震动强度和结构中的随机变量对地震需求都有一定的影响，同一随机变量对不同地震需求的影响程度存在一定的差异。

四、Tornado 图形法分析结果

表 4-5 列出了采用 Tornado 图形法时，对不同的地震需求进行局部敏感性分析的结果，从表中可以看出，P_{GA} 引起的地震需求的变化要远大于其他各个随机变量，所以只将结构中的随机变量对应的结果画在图中，如图 4-24 和图 4-25 所示。

表 4-5　Tornado 图形法分析结果

随机变量	顶点位移需求/mm		最大层间位移角需求/(×10⁻⁴)		基底剪力需求/kN		最大楼层加速度需求/(m·s⁻²)	
	RCFS	SRCFS	RCFS	SRCFS	RCFS	SRCFS	RCFS	SRCFS
f_y	1.341	1E−04	1.07	0.07	55.16	2.83	0.016 2	0.003 8
E_s	2.783	0.622	3.23	1.72	122.21	60.24	0.071 4	0.014 9
M_s	0.934	3.434	6.49	9.08	4.217	92.85	0.050 7	0.013 7
D_A	13.32	15.570	10.28	14.53	159.25	539.78	0.148 6	0.648 7
f_c	3.358	2.503	5.59	6.97	150.07	252.73	0.167 1	0.024 3
E_c	0.325	0.226	0.03	0.52	5.63	11.43	0.006 2	0.003 3
f_{ys}	—	0.003	—	0.16	—	11.44	—	0.014 8
E_{ss}	—	0.819	—	2.87	—	85.72	—	0.018 0
P_{GA}	128.27	119.48	57.63	53.94	2 145.42	2 836.31	2.947 8	3.856 2

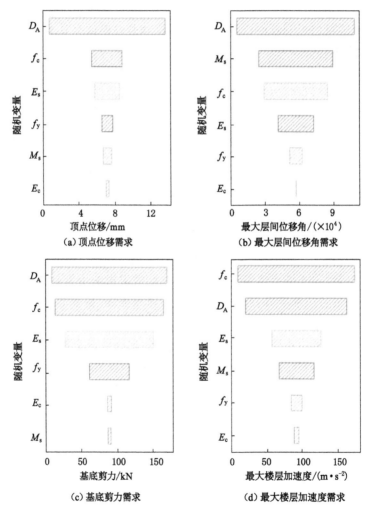

图 4-24　RCFC 随机变量的敏感性排序

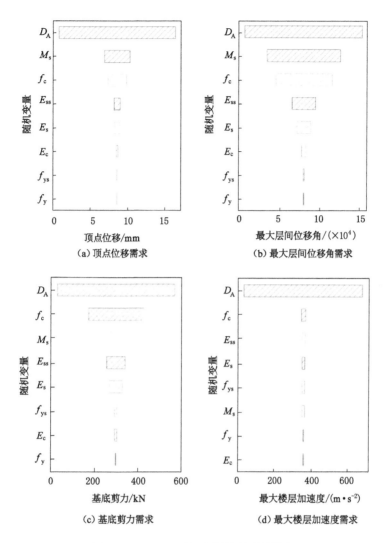

图 4-25　SRCFS 随机变量的敏感性排序

由表 4-5 和图 4-24 可知,除地震动强度外,阻尼比和混凝土的抗压强度对钢筋混凝土框架结构 4 种地震需求的影响均靠前,混凝土的弹性模量和钢筋的屈服强度对 4 种地震需求的影响均靠后。

由表 4-5 和图 4-25 可知,除地震动强度外,阻尼比和混凝土的抗压强度对型钢混凝土框架结构 4 种地震需求的影响均靠前,结构质量对顶点位移、最大层间位移角和基底剪力 3 种地震需求的影响较大,钢筋的屈服强度和混凝土的弹性模量对 4 种地震需求的影响均靠后。

五、结果对比

本节采用矩独立重要性分析方法和 Tornado 图形法进行敏感性分析,其中矩独立重要性分析方法是一种全局敏感性分析方法,而 Tornado 图形法是一种局部敏感性分析方法。

为便于对 2 种分析方法的结果进行对比,将用 2 种方法得到的随机变量敏感性分析排序结果列于表 4-6。

表 4-6　随机变量的敏感性排序

随机变量	顶点位移需求		最大层间位移角需求		基底剪力需求		最大楼层加速度需求	
	RCFS	SRCFS	RCFS	SRCFS	RCFS	SRCFS	RCFS	SRCFS
f_y	6-5	8-9	4-6	7-9	4-5	5-9	5-6	5-8
E_s	5-4	5-6	6-5	8-6	6-4	6-6	6-4	4-5
M_s	4-6	4-3	5-3	4-3	5-7	8-4	4-5	8-7
D_A	2-2	2-2	2-2	2-2	2-2	2-2	2-3	2-2
f_c	3-3	3-4	3-4	3-4	3-3	3-3	3-2	3-3
E_c	7-7	9-7	7-7	9-7	7-6	9-8	7-7	9-9
f_{ys}	—	7-8	—	6-8	—	7-7	—	7-6
E_{ss}	—	6-5	—	5-5	—	4-5	—	6-4
P_{GA}	1-1	1-1	1-1	1-1	1-1	1-1	1-1	1-1

注:第 1 项为矩独立重要性排序;第 2 项为 Tornado 图形法的敏感性排序。

由表 4-6 可知,采用 2 种方法得到的随机变量敏感性排序结果不太一致,这是因为采用矩独立重要性分析方法研究随机变量对结构地震需求的重要性时,是从全局的角度来研究的,而 Tornado 图形法是一种局部灵敏度分析方法,只考虑了单一因素的影响,无法同时考虑其他随机变量的影响。这 2 种分析方法均表明:地震动强度和阻尼比对本节中的两种框架结构纵向的多数结构地震需求的影响大于其他随机变量,混凝土的弹性模量对两种框架结构的各种地震需求的影响都较小。

六、总结

本章通过矩独立重要性分析这一全局敏感性分析方法,对 2 种框架结构的地震需求进行了重要性分析,并与 Tornado 图形法这一局部敏感性分析方法进行了对比,得到以下结论:

(1)采用矩独立重要性分析方法时,各个随机变量所对应的两种框架结构地震需求的重要性测度指标的值大小有差异,但同一随机变量的敏感性排序基本一致。

(2)对于同一种地震需求,采用 2 种不同的分析方法时,在随机变量的敏感性排序方面,影响较大和影响较小的因素一致,只是影响程度居中的几个随机变量的排序有所不同。

(3)采用 2 种不同分析方法时,地震动强度、阻尼比和混凝土的抗压强度的敏感性排序均靠前,而混凝土的弹性模量的敏感性排序均靠后,所以在框架结构地震需求分析时,要重点考虑以上 3 个因素,这对实际工程具有一定的参考价值。

通过 2 种分析方法的对比结果可以发现,矩独立重要性分析方法是一种比较准确的重要性分析方法,只是将这种方法与 Tornado 图形法对比分析时,影响程度居中的几个随机变量的敏感性排序会有所不同,具体原因需要在后续的工作中做进一步的研究。

第六节　本 章 小 结

本章利用矩独立重要性测度指标,研究了型钢混凝土框架结构中的随机变量对结构地震需求和结构地震易损性的影响。对两个算例,分别采用正交多项式估计解法(OPE)和核密度估计解法(KDE),计算了各随机变量对结构地震需求和结构地震易损性的矩独立重要性测度指标。结论如下:

(1)采用正交多项式估计解法(OPE)进行矩独立重要性测度指标的求解时,得到的矩独立重要性测度指标与用核密度估计解法(KDE)得到的结果相差不大,这在一定程度上相互验证了两种方法的有效性。

(2)由本章算例可知,随机变量对型钢混凝土框架结构地震需求的矩独立重要性测度指标与对地震易损性的矩独立重要性测度指标有一定差异。这是因为在可靠性分析领域,计算小失效概率时,输出反应量的功能响应函数分布尾部的问题会对其有较大的影响,输入随机变量对输出反应量分布的影响程度与对失效概率的影响程度有所不同。

第五章　基于信息熵的随机变量重要性分析

　　前面两章的重要性分析都可以归类为基于方差的重要性分析,用这种分析方法可以确定各个输入随机变量对输出反应量方差的贡献程度,其中隐含的假定方差可以完整地描述输出反应量的不确定性[11];然而,该类方法并不能充分描述输出反应量的不确定性。基于此,本章将一种可以充分反映输入随机变量完整不确定性如何影响输出反应量的重要性分析方法,即信息熵耦合艾尔米特(Hermite)正交多项式估计的重要性测度分析方法[14],分析输入随机变量对结构地震需求以及地震易损性的重要性。

　　本章首先对信息熵理论进行了阐述,并给出信息熵重要性测度指标,将艾尔米特(Hermite)正交多项式估计(Orthogonal Polynomial Estimation,OPE)方法[128]应用到随机变量对地震需求的信息熵重要性测度指标的求解中,并与常用的核密度估计[129]法进行对比,以验证其准确性。在本章最后,将本章采用的各种方法得到的重要性排序进行了对比,并全面分析解释了各种方法的异同以及各自的特点,并对两个算例中各个输入随机变量的影响程度进行了较全面的解读。

第一节　信息熵重要性测度指标

一、信息熵的概念

　　变量的不确定性可以通过熵来度量,变量的不确定性越大则熵越大[130]。设离散型输入随机变量 X 的概率空间为:

$$\begin{bmatrix} X \\ P \end{bmatrix} = \begin{bmatrix} x_1 & x_2 & \cdots & x_n \\ p_1 & p_2 & \cdots & p_n \end{bmatrix} \tag{5-1}$$

　　我们把 X 的所有取值的自信息的期望称为 X 的信息熵(Information Entropy,IE),简称熵(Entropy),一般用 $H(X)$ 表示,即[131]

$$H(X) = E[I(X)] = \sum_{i=1}^{n} p_i \log \frac{1}{p_i} \tag{5-2}$$

　　对于连续性的输入随机变量 X,假设 X 的概率密度函数为 $f_X(x)$,熵可以定义为[131]:

$$H_X = -\int_{D_X} f_X(x) \log f_X(x) \, \mathrm{d}x$$

$$= -E[\log f_X(x)] \approx -\frac{1}{M} \sum_{k=1}^{M} \log f_X(x_k) \tag{5-3}$$

式中,$E(\cdot)$ 表示数学期望;样本 x_k 依据 X 的概率密度函数生成;D_X 表示输入随机变量的变化范围。

假设一个结构受多个输入随机变量的影响,输出反应量为:

$$Y = g(X) \tag{5-4}$$

式中,$X = (X_1, X_2, \cdots, X_n)$ 为输入随机变量。

根据信息熵理论,Y 的熵可以定义为[131]:

$$H_Y = - \int_{D_Y} f_Y(y) \log f_Y(y) \mathrm{d}y \tag{5-5}$$

式中,$f_Y(y)$ 是 Y 的概率密度函数;D_Y 是 Y 的变化范围。

二、信息熵重要性测度指标的定义

对于式(5-4)的输出反应量 $Y = g(X)$,如果输入随机变量 X 的值取其实现值 x_i,这时 Y 的概率密度函数表示为 $f_{Y|X_i=x_i}(y)$。由于这时 X_i 已经消除了不确定性,所以输入随机变量 X_i 对输出反应量 Y 的信息熵效应可定义为[131]:

$$\varepsilon_i = \left| H_Y - H_{Y|X_i=x_i} \right| \tag{5-6}$$

式中,H_Y 是式(5-5)中输出反应量 Y 的原始熵,$H_{Y|X_i=x_i}$ 是输出反应量 Y 的条件熵,定义如下:

$$H_{Y|X_i=x_i} = - \int_{D_Y} f_{Y|X_i=x_i}(y) \log f_{Y|X_i=x_i}(y) \mathrm{d}y \tag{5-7}$$

式(5-6)中定义的 ε_i 是输入随机变量 X_i 取其实现值 x_i 时对输出反应量 Y 的效应。X_i 对输出反应量 Y 的平均效应为:

$$\begin{aligned}
\overline{\varepsilon_i} &= E\left(\left| H_Y - H_{Y|X_i=x_i} \right| \right) \\
&= \int_{D_{X_i}} \left| H_Y - H_{Y|X_i=x_i} \right| f_{X_i}(x_i) \mathrm{d}x_i \\
&\approx \frac{1}{N_0} \sum_{j=1}^{N_0} \left| H_Y - H_{Y|X_i=x_{ij}} \right|
\end{aligned} \tag{5-8}$$

式中,$E(\cdot)$ 表示数学期望;D_{X_i} 表示输入随机变量 X_i 的变化范围;$x_{ij}(j=1,2,\cdots,N_0)$ 表示样本,依据 X_i 的密度函数生成;$H_{Y|X_i=x_{ij}}$ 表示 X_i 取 $x_{ij}(j=1,2,\cdots,N_0)$ 时的条件熵。

三、信息熵重要性测度指标的性质

(1) 性质 1:$\overline{\varepsilon_i} \leqslant \overline{\varepsilon_{ij}} \leqslant \overline{\varepsilon_i} + \overline{\varepsilon_{j|i}}$。

(2) 性质 2:$\overline{\varepsilon_i} \geqslant 0$。

(3) 性质 3:如果输出反应量 Y 与 X_i 无关,则 $\overline{\varepsilon_i}=0$;如果输出反应量 Y 与 X_j 无关但与 X_i 有关,则 $\overline{\varepsilon_{ij}}=\overline{\varepsilon_i}$、$\overline{\varepsilon_{j|i}}=0$ 及 $\overline{\varepsilon_{i|j}}=\overline{\varepsilon_i}$。

第二节　求　解　方　法

由第四章第一节可知,求解信息熵重要性测度指标的关键是得到结构的输出反应量 Y 的无条件概率密度函数 $f_Y(y)$ 以及条件概率密度函数 $f_{Y|X_i}(y)$。在实际工程中,概率密度函数的显式表达式往往是未知的,所以要通过现有的方法来估计。得到 Y 的样本 $y_k(k=1,$

$2,\cdots,N)$后,可以估计 $f_Y(y)$ 的估计值 $\hat{f_Y}(y)$。估计方法有直方图估计[132]、正交多项式估计[133]、核密度估计[134]、最大熵法[135]等。求出 $\hat{f_Y}(y)$ 以后,即可通过式(5-5)求得 H_Y。

非参数估计法和参数估计法是常用的概率密度函数的估计方法。参数估计法需要预先知道各输入量的概率分布的类型,而非参数估计法则没有这一要求,对正态分布以及其他类型的分布均适用。因而本章将非参数估计法中的正交多项式估计(Orthogonal Polynomial Estimation,OPE)法应用到信息熵重要性测度指标中,对输出反应量 Y 的无条件概率密度函数 $f_Y(y)$ 以及条件概率密度函数 $f_{Y|X_i}(y)$ 进行求解,并用常用的非参数估计法中的核密度估计(Kernel Density Estimation,KDE)法进行对比。

一、正交多项式估计(OPE)

(一) 矩与概率分布的关系

定理[136]:如果矩 $\mu_1,\mu_2,\cdots,\mu_r(r\geqslant3)$ 存在,且概率分布的特征函数 Φ 满足 $|\Phi|^v(v\geqslant1)$ 可积条件,则经傅里叶逆变换得到的 f_n(特征函数 Φ 通过泰勒级数展开得到的有限项)对于 $n\geqslant v$ 存在,并且若 $n\rightarrow\infty$,关于 x 一致地有:

$$f_n(x)-\varphi(x)\left[1+\sum_{k=3}^{r}n^{-\frac{k}{2}+1}P_k(x)\right]=0(n^{-\frac{r}{2}+1}) \tag{5-9}$$

式中,$P_k(x)$ 为一个不依赖于 n 和 r 而只依赖矩 $\mu_1,\mu_2,\cdots,\mu_r$ 的实多项式,$\varphi(x)$ 为正态分布。

由式(5-9)可知,若采用高阶矩的展开式进行逼近,即可得到概率密度函数 $f(x)$,展开式可以用高斯分布与一修正系数乘积的形式来表示,因此概率密度函数 $f(x)$ 可以展开为带权 $\varphi(x)$ 的正交多项式的形式。

本章中正交多项式取艾尔米特(Hermite)正交多项式[126]:

$$H_n(x)=(-1)^n e^{x^2}\frac{d^n(e^{-x^2})}{dx^n},n=0,1,2,\cdots \tag{5-10}$$

(二) 功能函数的矩

已知功能函数为 $Z=g(X)=g(x_1,x_2,\cdots,x_n)$,随机向量 X 的概率密度函数为 $f(X)$,则 Z 的各阶原点矩为:

$$M_k(g)=\int_{-\infty}^{+\infty}[g(X)]^k f(X)dX,k=1,2,\cdots,N \tag{5-11}$$

若新的功能函数采用 $Y=\dfrac{z-\mu_z}{\sigma_z}=\dfrac{g(X)-M_1(g)}{\sqrt{M_2(g)-M_1(g)^2}}$,则其各阶原点矩与其中心矩相等:

$$\mu_k(Y)=\int_{-\infty}^{+\infty}Y^k f(X)dX,k=1,2,\cdots,N \tag{5-12}$$

如果 $f(X)$ 为某些特定类型的分布,则可以将它们作为权函数处理,如权函数 e^{-x},e^{-x^2},1 等。若采用对应类型的高斯积分点,计算精度和计算效率会显著提高。

(三) 用正交多项式估计法求解概率密度

设 $\rho(x)$ 为权函数,在区间 $[a,b]$ 上,相应的正交多项式为[137]:

$$\omega_k(x)=\sum_{m=0}^{k}A_{km}x^m,k=0,1,2,\cdots \tag{5-13}$$

式中，A_{km} 为确定的常数。根据正交多项式的性质，有：

$$\int_a^b \rho(x)\omega_i(x)\omega_j(x)\mathrm{d}x = \begin{cases} h_i, i=j \\ 0, i\neq j \end{cases} \tag{5-14}$$

用带权函数 $\rho(x)$ 的正交多项式来逼近概率密度函数 $f(x)$，可得：

$$f(x) \approx \rho(x)\sum_{k=0}^N a_k\omega_k(x) \tag{5-15}$$

式中，a_k 为待定系数，由下式确定：

$$a_k = \sum_{m=0}^k A_{km}\mu_m(x)/h_k \tag{5-16}$$

权函数 $\rho(x)=\dfrac{1}{\sqrt{2\pi}\sigma}\mathrm{e}^{-\frac{(x-\mu)^2}{2\sigma^2}}$，或采用标准化功能函数，权函数取 $\varphi(y)=\dfrac{1}{\sqrt{2\pi}}\mathrm{e}^{-\frac{y^2}{2}}$，积分区间为 $(-\infty,+\infty)$，多项式的最高次项系数为1。

二、核密度估计(KDE)

设 $y_1,y_2,\cdots,y_n$ 为一系列样本值，它们的核密度估计(Kernel Density Estimation，KDE)可写为[138]：

$$\hat{f}_Y(y) = \frac{1}{nh}\sum_{i=1}^n K\left(\frac{y-y_i}{h}\right) \tag{5-17}$$

上式本质上是一种加权平均，式中核函数 $K(y)$ 是带有权重的。当估计 $f(y)$ 在点 y 处的值时，采用的数据点的数量和数据点被利用的程度，由 $K(y)$ 的取值以及形状所决定。这种估计方法效果取决于核函数 $K(y)$ 的选取以及带宽 h。为了保证估计的合理性，核函数须满足以下要求：

$$K(y)\geqslant 0,\int_{-\infty}^{+\infty}K(y)\mathrm{d}y=1 \tag{5-18}$$

即 $K(y)$ 必须是某个分布的概率密度函数，常用的核函数如表 5-1 所示。

表 5-1　常用核函数

核函数	表达式	核函数	表达式
均匀核	$\frac{1}{2}I(\lvert u\rvert\leqslant1)$	三权核	$\frac{35}{32}(1-u^2)^3I(\lvert u\rvert\leqslant1)$
三角核	$(1-\lvert u\rvert)I(\lvert u\rvert\leqslant1)$	高斯核	$\frac{1}{\sqrt{2\pi}}\mathrm{e}^{-\frac{u^2}{2}}$
Epanechikov	$\frac{3}{4}(1-u^2)I(\lvert u\rvert\leqslant1)$	余弦核	$\frac{\pi}{4}\cos\left(\frac{\pi}{2}u\right)I(\lvert u\rvert\leqslant1)$
四次方核	$\frac{15}{16}(1-u^2)^2I(\lvert u\rvert\leqslant1)$	指数核	$\mathrm{e}^{\lvert u\rvert}$

对于均匀核函数，若将 $K\left(\dfrac{y-y_i}{h}\right)=\dfrac{1}{2}I\left(\left\lvert\dfrac{y-y_i}{h}\right\rvert\leqslant1\right)$ 作为密度函数，则用来估计 $f(y)$ 值的点离 y 的距离必须小于带宽 h，并且数据的权重都是一样的。

对于四次方核函数和 Epanechikov 核函数,若数据点离 y 的距离小于带宽 h,这些数据点才是有效的数据点,且其与 y 的距离越小,对应的权重越大。通常带宽 h 对核密度估计的影响要远远大于核函数类型的影响[138]。

本章选用高斯函数,由 $\hat{f}_Y(y)$ 的表达式可知,y_i 与 y 的距离越远,则 $\frac{y-y_i}{h}$ 值就越大,即密度值 $\varphi\left(\frac{y-y_i}{h}\right)$ 也就越小。这是因为高斯核函数的值域为实数集,也就是说,所有的数据都可以用来估计 $\hat{f}_Y(y)$ 值的大小,并且离 y 点越近,数据对估计的影响就越大。当 h 很小时,只有离 y 特别近的点起的作用较大,随着 h 增大,则离 y 远一些的点所起的作用也随之增大[138]。

带宽 h 对核密度估计的效果会产生很大的影响,所以很有必要判别其估计效果。通常采用均方积分误差 MISE(h) 对其做估计[139]:

$$\text{MISE}(h) = \text{AMISE}(h) + \sigma\left(\frac{1}{nh} + h^4\right) \tag{5-19}$$

式中,$\text{AMISE}(h) = \dfrac{\int K^2(y)\mathrm{d}y}{nh} + \dfrac{h^4\sigma^4\int[f''(y)]^2\mathrm{d}y}{4}$ 是渐进均方积分误差。要使 AMISE(h) 最小,必须把 h 设在某个中间值,以避免 $\hat{f}_Y(y)$ 的偏差过大。最优的带宽是[139]:

$$\hat{h} = \left(\frac{4}{3}\right)^{\frac{1}{5}}\sigma n^{\frac{-1}{5}} \tag{5-20}$$

第三节　计　算　流　程

(1) 采用低偏差的 Sobol 序列进行抽样,根据各个输入随机变量的联合分布密度抽取 N 个无条件样本,用矩阵 $\boldsymbol{A}$ 可表示为:

$$\boldsymbol{A} = \begin{bmatrix} X_1^{(1)} & \cdots & X_i^{(1)} & \cdots & X_n^{(1)} \\ X_1^{(2)} & \cdots & X_i^{(2)} & \cdots & X_n^{(2)} \\ \vdots & & \vdots & & \vdots \\ X_1^{(N)} & \cdots & X_i^{(N)} & \cdots & X_n^{(N)} \end{bmatrix} \tag{5-21}$$

(2) 通过有限元软件 OpenSees,将矩阵 $\boldsymbol{A}$ 中随机变量的样本值输入有限元模型,得到输出反应量 Y 的 N 个无条件样本值 $y_k(k=1,2,\cdots,N)$。

(3) 用正交多项式估计或者核密度估计的方法计算得到输出反应量 Y 的密度函数 $f_Y(y)$ 的估计值 $\hat{f}_Y(y)$,将 $\hat{f}_Y(y)$ 代入式(5-5)估计输出反应量 Y 的原始熵 H_Y。需要指出的是,当利用式(5-5)求解 Y 的熵,求解随机变量对结构地震需求的重要性测度指标时,D_Y 表示 Y 的整个变化范围;当求解随机变量对结构地震易损性的信息熵重要性测度指标时,D_Y 表示输出反应量的样本值超过相应的性能指标限值。

(4) 针对现有抽样方法需要样本量很多才能得到较好结果[11]这一问题,仍采用如下方法抽取条件样本:将步骤(1)中矩阵 $\boldsymbol{A}$ 的第 i 列中的元素用其均值 $\overline{X_i}$ 替代,即可得到条件样本的样本矩阵 $\boldsymbol{B}$:

$$\boldsymbol{B} = \begin{bmatrix} X_1^{(1)} & \cdots & \overline{X_i} & \cdots & X_n^{(1)} \\ X_1^{(2)} & \cdots & \overline{X_i} & \cdots & X_n^{(2)} \\ \vdots & & \vdots & & \vdots \\ X_1^{(N)} & \cdots & \overline{X_i} & \cdots & X_n^{(N)} \end{bmatrix} \tag{5-22}$$

（5）参考步骤（2）和（3）估计输出反应量 Y 的条件熵 $H_{Y|X_i=x_i}$，具体的性能指标限值如表 2-5 所示。

（6）计算原始熵与条件熵之差的绝对值 $|H_Y - H_{Y|X_i=x_i}|$，然后通过式（5-8）求得信息熵重要性测度指标 $\overline{\varepsilon_i}$。

本章求解两种信息熵重要性测度指标的流程图如图 5-1 所示。

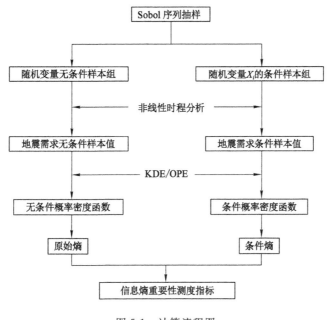

图 5-1　计算流程图

第四节　算　例　1

本例与第二章第五节算例相同，以下将分别分析本章的信息熵重要性测度指标。

一、随机变量对地震需求的信息熵重要性分析

（一）信息熵重要性测度指标结果

（1）顶点位移需求

图 5-2 给出了随机变量对顶点位移需求的信息熵重要性测度指标，从图 5-2（a）中可以看出，当采用正交多项式估计解法（OPE）时，在结构纵向，D_A 对结构顶点位移需求的信息熵重要性测度指标最大，其余输入随机变量的信息熵重要性测度指标较小；从图 5-2（b）中可以看出，当采用核密度估计解法（KDE）时，在结构纵向，D_A 对结构顶点位移需求的信息

熵重要性测度指标最大,其余输入随机变量的信息熵重要性测度指标较小。从图 5-2(a)和图 5-2(b)可以看出,各个随机变量的信息熵重要性测度指标在 $N<384$ 时变化较大,在 $N\geqslant384$ 时趋于稳定。

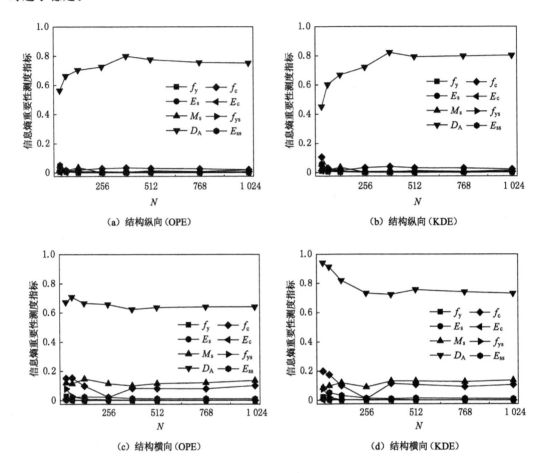

（a）结构纵向（OPE）　　　　　　　　　　（b）结构纵向（KDE）

（c）结构横向（OPE）　　　　　　　　　　（d）结构横向（KDE）

图 5-2　顶点位移需求的信息熵重要性测度指标

从图 5-2(c)中可以看出,当采用正交多项式估计解法(OPE)时,在结构横向,D_A 对结构顶点位移需求的信息熵重要性测度指标最大,M_s 和 f_c 的信息熵重要性测度指标较大,其余输入随机变量的信息熵重要性测度指标较小;从图 5-2(d)中可以看出,当采用核密度估计解法(KDE)时,在结构横向,D_A 的信息熵重要性测度指标最大,M_s 和 f_c 对结构顶点位移需求的信息熵重要性测度指标较大,其余输入随机变量的信息熵重要性测度指标较小。从图 5-2(c)和图 5-2(d)中可以看出,各个随机变量的信息熵重要性测度指标在 $N<384$ 时变化较大,在 $N\geqslant384$ 时趋于稳定。

从图 5-2 中可以看出,D_A 对结构顶点位移需求影响最大,其余输入随机变量的影响相对较小。

（2）基底剪力需求

图 5-3 给出了随机变量对基底剪力需求的信息熵重要性测度指标,从图 5-3(a)中可以看出,当采用正交多项式估计解法(OPE)时,在结构纵向,D_A 对结构基底剪力需求的信息

熵重要性测度指标最大,M_s 其次,其余输入随机变量的信息熵重要性测度指标较小;从图 5-3(b)中可以看出,当采用核密度估计解法(KDE)时,在结构纵向,D_A 和 M_s 对结构基底剪力需求的信息熵重要性测度指标最大,其余输入随机变量的信息熵重要性测度指标较小。从图 5-3(a)和图 5-3(b)中可以看出,各个随机变量的信息熵重要性测度指标在 $N < 384$ 时变化较大,在 $N \geqslant 384$ 时趋于稳定。

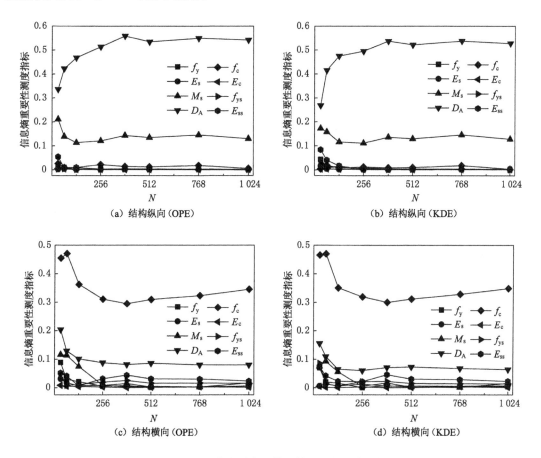

图 5-3　基底剪力需求的信息熵重要性测度指标

从图 5-3(c)中可以看出,当采用正交多项式估计解法(OPE)时,在结构横向,f_c 和 D_A 对结构基底剪力需求的信息熵重要性测度指标最大,其余输入随机变量的信息熵重要性测度指标较小;从图 5-3(d)中可以看出,当采用核密度估计解法(KDE)时,在结构横向,D_A 的信息熵重要性测度指标最大,f_c 次之,其余输入随机变量的信息熵重要性测度指标都较小。从图 5-3(c)和图 5-3(d)中可以看出,各个随机变量的信息熵重要性测度指标在 $N < 384$ 时变化较大,在 $N \geqslant 384$ 时趋于稳定。

从图 5-3 中可以看出,各个随机变量对型钢混凝土框架结构纵向和结构横向基底剪力需求的影响有一定差异,但采用这两种不同的求解方法时,得到的信息熵重要性测度指标基本相同。

（3）最大楼层加速度需求

图 5-4 给出了随机变量对最大楼层加速度需求的信息熵重要性测度指标,由图 5-4(a)

可以看出,当采用正交多项式估计解法(OPE)时,在结构纵向,M_s 对结构最大楼层加速度需求的信息熵重要性测度指标最大,f_c 和 D_A 次之,其余输入随机变量的信息熵重要性测度指标较小;由图 5-4(b)可以看出,当采用核密度估计解法(KDE)时,在结构纵向,M_s、f_c 和 D_A 对结构最大楼层加速度需求的信息熵重要性测度指标较大,其余输入随机变量的信息熵重要性测度指标较小。由图 5-4(a)和图 5-4(b)可以看出,各个随机变量的信息熵重要性测度指标在 $N < 384$ 时变化较大;在 $N \geqslant 384$ 时,除 f_c 和 D_A 两者的信息熵重要性测度指标较接近,呈现此消彼长的趋势外,其余各随机变量的信息熵重要性测度指标趋于稳定。

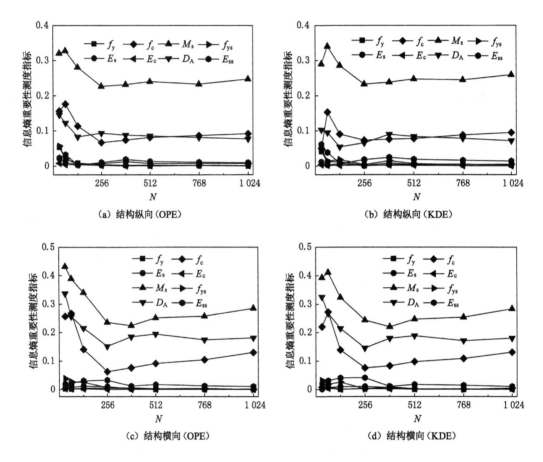

图 5-4　最大楼层加速度需求的信息熵重要性测度指标

由图 5-4(c)可以看出,当采用正交多项式估计解法(OPE)时,在结构横向,M_s、f_c 和 D_A 对结构最大楼层加速度需求的信息熵重要性测度指标较大,其余输入随机变量的信息熵重要性测度指标较小;由图 5-4(d)可以看出,当采用核密度估计解法(KDE)时,在结构横向,M_s 的信息熵重要性测度指标最大,f_c 和 D_A 对结构最大楼层加速度需求的信息熵重要性测度指标较大,其余输入随机变量的信息熵重要性测度指标较小。由图 5-4(c)和图 5-4(d)可以看出,各个随机变量的信息熵重要性测度指标在 $N < 384$ 时变化较大;在 $N \geqslant 384$ 时,各随机变量的信息熵重要性测度指标趋于稳定。

由图 5-4 可以看出，M_s 对结构最大楼层加速度需求影响最大，f_c 和 D_A 次之，其余输入随机变量的影响相对较小。

（4）最大层间位移角需求

图 5-5 给出了随机变量对最大层间位移角需求的信息熵重要性测度指标，由图 5-5（a）和图 5-5（b）可以看出，当采用正交多项式估计解法（OPE）和核密度估计解法（KDE）时，在结构纵向，D_A 对结构最大层间位移角需求的信息熵重要性测度指标最大，其余输入随机变量的信息熵重要性测度指标较小；各个随机变量的信息熵重要性测度指标在 $N < 384$ 时变化较大，在 $N \geqslant 384$ 时趋于稳定。

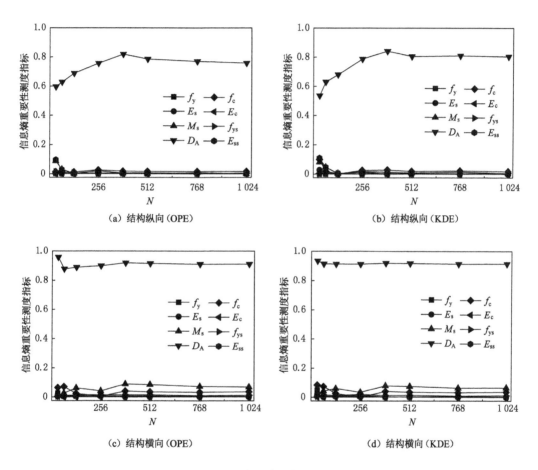

图 5-5　最大层间位移角需求的信息熵重要性测度指标

由图 5-5（c）和图 5-5（d）可以看出，当采用正交多项式估计解法（OPE）和核密度估计解法（KDE）时，在结构横向，D_A 对结构最大层间位移角需求的信息熵重要性测度指标最大，M_s 和 f_c 的信息熵重要性测度指标较大，其余输入随机变量的信息熵重要性测度指标较小。各个随机变量的信息熵重要性测度指标在 $N \geqslant 384$ 时趋于稳定。

由图 5-5 可以看出，D_A 对结构最大层间位移角需求影响最大，其余输入随机变量的影响相对较小。

由图 5-2～图 5-5 可以看出,对这 4 种结构地震需求而言,当 N 不小于 384 时,各个输入随机变量的信息熵重要性测度指标值变化较小,重要性的相对大小基本不变。

(二) 两种求解方法结果对比

图 5-6 给出了 $N=1\,024$,分别采用正交多项式估计解法(OPE)和核密度估计解法(KDE)时,结构纵向的各随机变量对 4 种地震需求的信息熵重要性测度指标。由图 5-6 可以看出,采用两种求解方法时,各个随机变量对结构纵向 4 种地震需求的信息熵重要性测度指标相差不大。

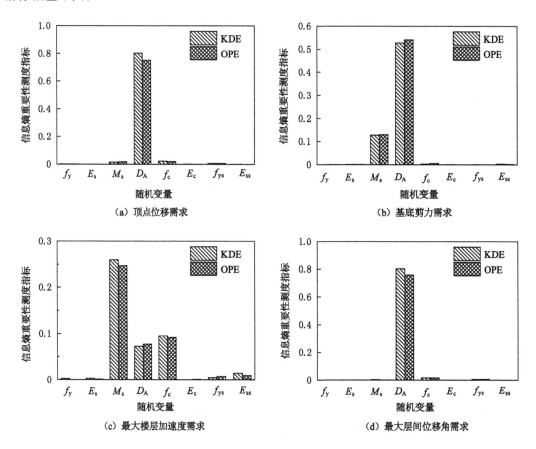

图 5-6　两种求解方法结果对比(结构纵向)

由图 5-6(a)看出,D_A 对顶点位移需求的信息熵重要性测度指标最大,通过对数据进行计算,以 D_A 的信息熵重要性测度指标为例,采用正交多项式估计解法(OPE)时,比采用核密度估计解法(KDE)时低 6.3%。

从图 5-6(b)中可以看出,D_A、M_s 和 f_c 对基底剪力需求的信息熵重要性测度指标较大,通过对数据进行计算,以 D_A 的信息熵重要性测度指标为例,采用正交多项式估计解法(OPE)时,比采用核密度估计解法(KDE)时高 2.6%,可见两者相差较小。

从图 5-6(c)中可以看出,M_s、D_A 和 f_c 对最大楼层加速度需求的信息熵重要性测度指标较大,通过对数据进行计算,以 M_s 的信息熵重要性测度指标为例,采用正交多项式估计解法(OPE)时,比采用核密度估计解法(KDE)时低 4.8%。

从图 5-6(d)中可以看出，D_A 对最大层间位移角需求的信息熵重要性测度指标最大，通过对数据进行计算，以 D_A 的信息熵重要性测度指标为例，采用正交多项式估计解法（OPE）时，比采用核密度估计解法（KDE）时低 5.6%，可见两者相差较小。

由以上分析可以看出，采用两种方法求解时，各随机变量对 4 种结构纵向地震需求的信息熵重要性测度指标基本一致。

图 5-7 给出了 $N = 1\ 024$，分别采用正交多项式估计解法（OPE）和核密度估计解法（KDE）时，结构横向的各随机变量对 4 种地震需求的信息熵重要性测度指标，由图 5-7 可以看出，采用两种求解方法时，各个随机变量对结构横向 4 种地震需求的信息熵重要性测度指标相差不大。

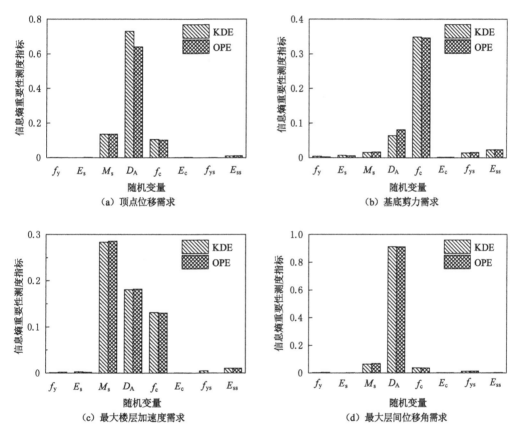

图 5-7　两种求解方法结果对比（结构横向）

由图 5-7(a)看出，D_A、M_s 和 f_c 对结构横向顶点位移需求的信息熵重要性测度指标较大，通过对数据进行计算，以 D_A 的信息熵重要性测度指标为例，采用正交多项式估计解法（OPE）时，比采用核密度估计解法（KDE）时低 12.3%。

从图 5-7(b)中可以看出，f_c 和 D_A 对基底剪力需求的信息熵重要性测度指标较大，通过对数据进行计算，以 f_c 的信息熵重要性测度指标为例，采用正交多项式估计解法（OPE）时，比采用核密度估计解法（KDE）时高 0.7%，可见两者相差较小。

从图 5-7(c)中可以看出，M_s、D_A 和 f_c 对最大楼层加速度需求的信息熵重要性测度指标较大，通过对数据进行计算，以 M_s 的信息熵重要性测度指标为例，采用正交多项式估计解法（OPE）时，比采用核密度估计解法（KDE）时低 0.9%。

从图 5-7(d)中可以看出，D_A 对最大层间位移角需求的信息熵重要性测度指标最大，通过对数据进行计算，以 D_A 的信息熵重要性测度指标为例，采用正交多项式估计解法（OPE）时，比采用核密度估计解法（KDE）时低 0.2%，可见两者相差较小。

由以上分析可以看出，采用两种方法求解时，各随机变量对 4 种结构横向地震需求的信息熵重要性测度指标基本一致。

（三）结构两个方向结果对比

图 5-8 给出了 $N=1\,024$，采用正交多项式估计解法（OPE）时，各随机变量对结构纵向和结构横向的 4 种地震需求的信息熵重要性测度指标。从图 5-8(a)中可以看出，D_A 对两个方向的顶点位移需求的信息熵重要性测度指标都是最大的，其余各随机变量的信息熵重要性测度指标较小，且同一随机变量对两个方向的顶点位移需求的信息熵重要性测度指标存在一定的差异。由图 5-8(b)可以看出，D_A 对结构纵向基底剪力需求的信息熵重要性测度指标最大，f_c 对结构横向基底剪力需求的信息熵重要性测度指标最大，且同一随机变量对两个方向的基底剪力需求的信息熵重要性测度指标差异较大。由图 5-8(c)可以看出，D_A、M_s 和 f_c 对两个方向的最大楼层加速度需求的信息熵重要性测度指标较大，其余各随机变量的信息熵重要性测度指标较小，且同一随机变量对两个方向的最大楼层加速度需求的信息熵重要性测度指标存在一定的差异。由图 5-8(d)可以看出，D_A 对两个方向的最大层间位移角需求的信息熵重要性测度指标都是最大的，其余各随机变量的信息熵重要性测度指标较小，且同一随机变量对两个方向的最大层间位移角需求的信息熵重要性测度指标存在一定的差异。

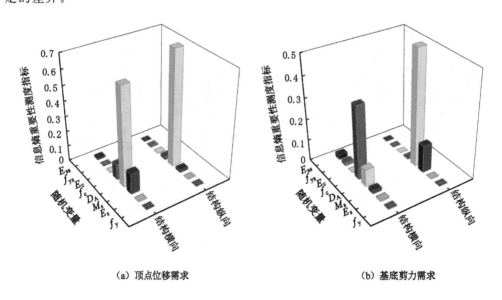

(a) 顶点位移需求　　　　　　　　(b) 基底剪力需求

图 5-8　结构两个方向结果对比（OPE）

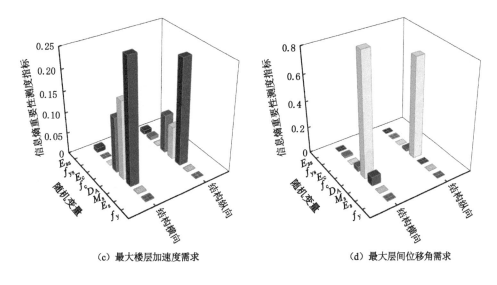

(c) 最大楼层加速度需求   (d) 最大层间位移角需求

图 5-8(续)

整体上,除基底剪力需求外,各个随机变量对两个方向的另外 3 种地震需求的影响程度差别不大。

图 5-9 给出了 $N=1\,024$,采用核密度估计解法(KDE)时,各随机变量对结构纵向和结构横向的 4 种地震需求的信息熵重要性测度指标。由图 5-9(a)可以看出,D_A 对两个方向的顶点位移需求的信息熵重要性测度指标都是最大的,其余各随机变量的信息熵重要性测度指标较小,且同一随机变量对两个方向的顶点位移需求的信息熵重要性测度指标存在一定的差异。由图 5-9(b)可以看出,D_A 对结构纵向基底剪力需求的信息熵重要性测度指标最大,f_c 对结构横向基底剪力需求的信息熵重要性测度指标最大,且同一随机变量对两个方向的基底剪力需求的信息熵重要性测度指标差异较大。由图 5-9(c)可以看出,D_A、M_s 和 f_c 对两个方向的最大楼层加速度需求的信息熵重要性测度指标较大,其余各随机变量的信息熵重要性测度指标较小,且同一随机变量对两个方向的最大楼层加速度需求的信息熵重要性测度指标存在一定的差异。由图 5-9(d)可以看出,D_A 对两个方向的最大层间位移角需求的信息熵重要性测度指标都是最大的,其余各随机变量的信息熵重要性测度指标较小,且同一随机变量对两个方向的最大层间位移角需求的信息熵重要性测度指标存在一定的差异。

整体上,各个随机变量对两个方向基底剪力需求的影响差别较大,对另外 3 种地震需求的影响程度差别不大。

二、随机变量对地震易损性的信息熵重要性分析

(一) 两种求解方法结果对比

图 5-10 给出了各个随机变量在暂时使用性能状态(参见表 2-5)下,以最大层间位移角为损伤指标时,对结构纵向地震易损性的信息熵重要性测度指标。由图 5-10 可知,D_A 对结构易损性的信息熵重要性测度指标最大,其余各个随机变量的值较小,且采用两种不同的求解方法时,信息熵重要性测度指标差别不大。

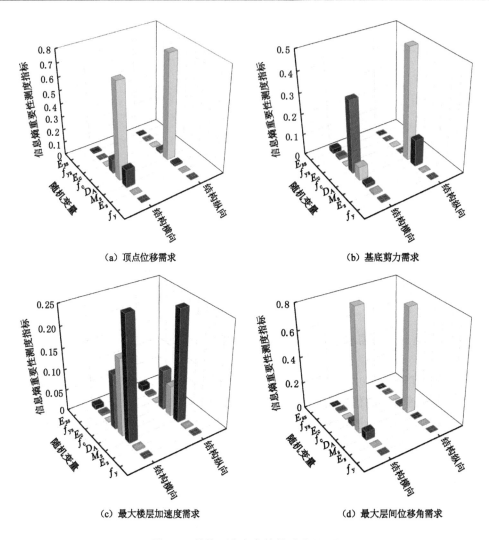

（a）顶点位移需求 　　　　　　　　（b）基底剪力需求

（c）最大楼层加速度需求 　　　　　　（d）最大层间位移角需求

图 5-9　结构两个方向结果对比（KDE）

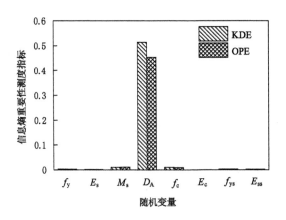

图 5-10　结构纵向两种求解方法结果对比

（二）结构地震需求与地震易损性结果对比

图 5-11 给出了各个随机变量对结构纵向最大层间位移角需求与结构地震易损性的信息熵重要性测度指标，由图 5-11 可知，不管采用哪一种求解方法，D_A 对结构地震需求和地震易损性的信息熵重要性测度指标最大，E_c 和 E_s 的信息熵重要性测度指标较小；同一随机变量对结构地震需求和结构地震易损性的信息熵重要性测度指标值有一定差别，例如从该图中可以看出，D_A 对结构地震需求的信息熵重要性测度指标比对结构地震易损性的信息熵重要性测度指标大。

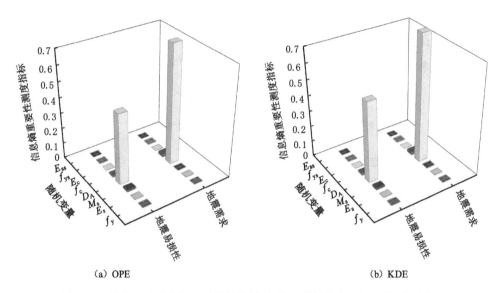

图 5-11　结构地震需求与地震易损性结果对比（结构纵向，最大层间位移角）

第五节　算　例　2

本例与第二章第六节算例相同，以下将分别分析本章的信息熵重要性测度指标。

一、随机变量对地震需求的重要性分析

（一）信息熵重要性测度指标结果

（1）顶点位移需求

图 5-12 给出了各随机变量对顶点位移需求的信息熵重要性测度指标。由图 5-12 可以看出，不管采用哪一种求解方法（OPE 和 KDE），对选取的多数地震动记录来说，D_A、M_s 和 f_{ys} 对结构顶点位移需求的信息熵重要性测度指标较大，其余随机变量较小，同时可以看出，不同地震动记录作用下，同一随机变量的信息熵重要性测度指标具有一定的离散性，即不同地震动记录对同一随机变量的信息熵重要性测度指标不同。

（2）基底剪力需求

图 5-13 给出了各随机变量对基底剪力需求的信息熵重要性测度指标。由图 5-13 可以看出，不管采用正交多项式估计法还是核密度估计法，对选取的多数地震动记录来说，f_{ys} 对

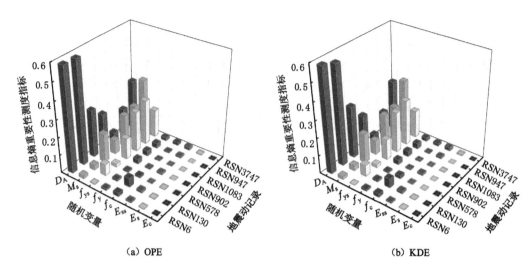

（a）OPE   （b）KDE

图 5-12　顶点位移需求的信息熵重要性测度指标

结构基底剪力需求的信息熵重要性测度指标最大，E_{ss}、E_s 和 E_c 的信息熵重要性测度指标都较小，同时可以看出，不同地震动记录作用下，同一随机变量的信息熵重要性测度指标有一定的差异，具有离散性，即不同地震动记录作用下，同一随机变量对基底剪力需求的信息熵重要性测度指标不同。

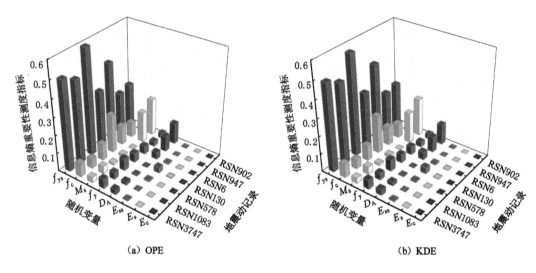

（a）OPE   （b）KDE

图 5-13　基底剪力需求的信息熵重要性测度指标

（3）最大楼层加速度需求

图 5-14 给出了各随机变量对最大楼层加速度需求的信息熵重要性测度指标。由图 5-14 可以看出，对选取的多数地震动记录来说，M_s、f_{ys} 和 D_A 对结构最大楼层加速度需求的信息熵重要性测度指标较大，E_{ss}、E_s 和 E_c 的信息熵重要性测度指标都较小，而且不同地震动记录作用下，同一随机变量的信息熵重要性测度指标有一定的差异，具有离散性，即不同地震动记录对同一随机变量的信息熵重要性测度指标的影响不同。

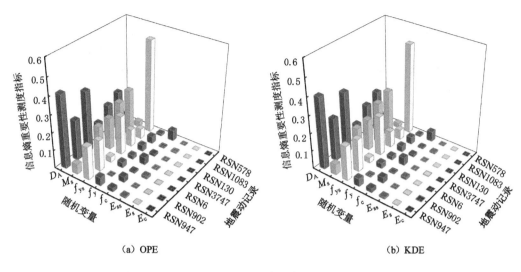

(a) OPE　　　　　　　　　　　(b) KDE

图 5-14　最大楼层加速度需求的信息熵重要性测度指标

（4）最大层间位移角需求

图 5-15 给出了各随机变量对最大层间位移角需求的信息熵重要性测度指标。由图 5-15 可以看出，对选取的 7 条地震动记录中的多数来说，D_A、M_s 和 f_{ys} 对结构最大层间位移角需求的信息熵重要性测度指标较大，E_{ss}、E_s 和 E_c 的信息熵重要性测度指标都比较小，而且不同地震动记录作用下，同一随机变量的信息熵重要性测度指标有差异，具有离散性，即不同地震动记录作用下，同一随机变量对最大层间位移角需求的信息熵重要性测度指标不同。

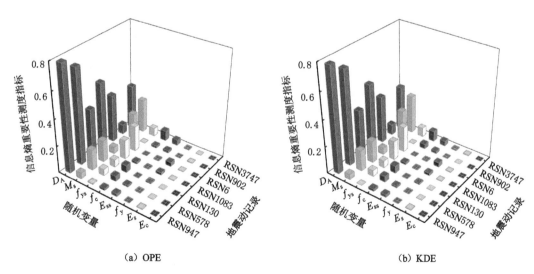

(a) OPE　　　　　　　　　　　(b) KDE

图 5-15　最大层间位移角需求的信息熵重要性测度指标

（二）两种求解方法结果对比

图 5-16 给出了地震动记录 RSN902 作用下，分别采用 OPE 和 KDE 求解方法时，各个随机变量对 4 种结构地震需求的信息熵重要性测度指标。由图 5-16 可以看出，采用 OPE

解法和 KDE 解法得到的各个随机变量的信息熵重要性测度指标相差不大。以 M_s 对 4 种地震需求的信息熵重要性测度指标为例,对数据进行计算可得,采用 OPE 解法时,顶点位移、基底剪力、最大楼层加速度和最大层间位移角 4 种地震需求的信息熵重要性测度指标分别比采用 KDE 解法时低 0.28%、2.39%、5.38% 和 12.7%,可见其值差别不大。

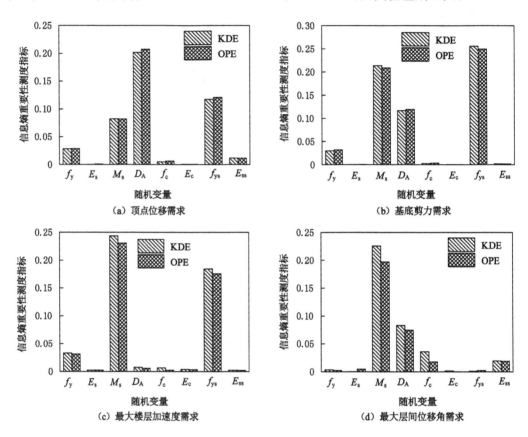

图 5-16　两种求解方法结果对比(RSB902)

二、随机变量对地震易损性的重要性分析

(一) 两种求解方法结果对比

图 5-17 给出了在 RSN902 地震动记录的作用下,结构在生命安全性能状态下,各个随机变量以最大层间位移角为损伤指标时,对结构地震易损性的信息熵重要性测度指标。由图 5-17 可知,D_A 和 M_s 对结构易损性的信息熵重要性测度指标最大,E_c 和 E_s 对地震易损性的信息熵重要性测度指标最小;对数据进行计算可得,采用 OPE 解法时,D_A 对地震易损性的信息熵重要性测度指标比采用 KDE 解法时低 0.6%,可见其值差别不大。

(二) 结构地震需求与地震易损性结果对比

图 5-18 给出了各个随机变量对结构最大层间位移角需求与结构地震易损性的信息熵重要性测度指标。由图 5-18 可知,不管采用哪一种求解方法,D_A 和 M_s 对结构地震需求和地震易损性的信息熵重要性测度指标较大,E_c 和 E_s 的信息熵重要性测度指标较小;同一随

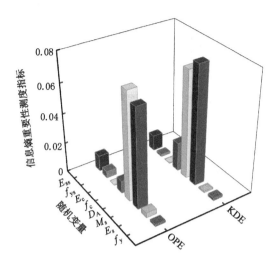

图 5-17　两种求解方法结果对比（RSN902,地震易损性）

机变量对结构地震需求和结构地震易损性的信息熵重要性测度指标值有一定差别,例如从该图中可以看出,M_s 对结构地震需求的信息熵重要性测度指标比对结构地震易损性的信息熵重要性测度指标大很多。

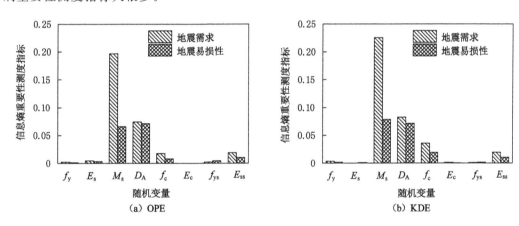

图 5-18　结构地震需求与地震易损性结果对比（最大层间位移角）

第六节　算　例　3

某 7 层 3 跨的型钢混凝土框架结构,底层层高 4 200 mm,标准层层高 3 600 mm,其结构简图如图 5-19 所示。楼板厚度为 120 mm,柱距为 6 000 mm,钢筋采用 HRB335 级钢,混凝土保护层厚度为 25 mm,型钢强度等级为 Q345,采用焊接 H 型钢,600×600 柱中型钢为 H400×400×11×18,500×500 柱中型钢为 H300×300×10×15,梁中型钢为 H140×440×10×16,采用 C40 混凝土,输入随机变量的详细信息见表 5-2,梁柱截面配筋情况如表 5-3 所示。

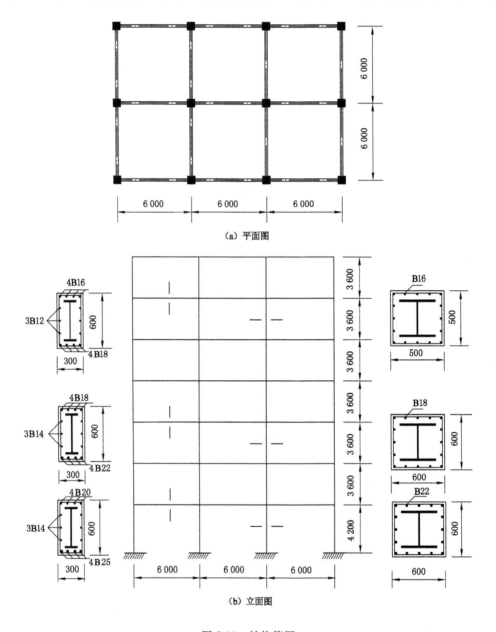

图 5-19　结构简图

表 5-2　输入随机变量的统计参数

输入随机变量	变异系数	符号	均值	分布类型
混凝土强度/MPa	0.14	f_c	34.82	正态分布
结构质量/(kN·m^{-2})	0.1	M_s	6	正态分布
钢筋屈服强度/MPa	0.078	f_y	384	对数正态分布
钢筋弹性模量/MPa	0.033	E_s	228 559	正态分布
型钢弹性模量/MPa	0.033	E_{ss}	228 559	正态分布

表 5-2(续)

输入随机变量	变异系数	符号	均值	分布类型
阻尼比	0.2	D_A	0.05	正态分布
型钢屈服强度/MPa	0.078	f_{ys}	384	正态分布
混凝土弹性模量/MPa	0.08	E_c	33 904	正态分布

注:表中结构质量为重力载荷代表值。

表 5-3　梁柱截面配筋情况

楼层编号	柱截面尺寸/m	柱截面配筋/mm²		梁截面尺寸/m	梁截面配筋/mm²	
		边部	中部		底部	顶部
1	0.6×0.6	3 800	2 281	0.3×0.6	1 964	1 256
2~4		2 544	1 570		1 520	1 017
5~7	0.5×0.5	2 010	1 206		1 017	804

本例选取 El Centro 地震动记录(RSN6),来自美国太平洋地震工程研究中心 PEER 中的强震数据库,双向作用(篇幅所限,仅列出结构横向的相关数据)。

图 5-20 给出了样本量为 1 024 时,4 种地震需求与对应的结构质量样本值之间的散点关系图。由该图可以看出,最大层间位移角需求和顶点位移需求大致与结构质量呈正相关的关系,基底剪力需求和最大楼层加速度需求与阻尼比大致先呈正相关后呈反相关的关系。4 种地震需求与其他各个输入随机变量的关系不再一一列出。

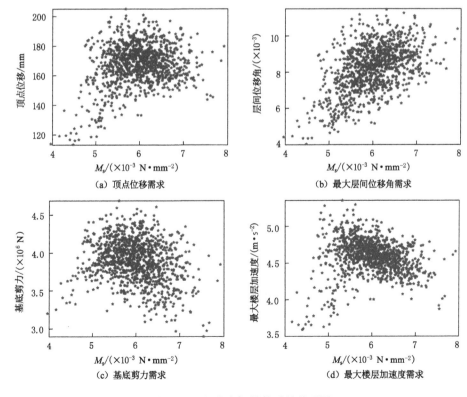

(a) 顶点位移需求　　　　　　　　(b) 最大层间位移角需求

(c) 基底剪力需求　　　　　　　　(d) 最大楼层加速度需求

图 5-20　地震需求-结构质量关系图

本节得到了不同样本数条件下的各个输入随机变量对应的 4 种结构地震需求的信息熵和方差重要性测度指标,分别如图 5-21 和图 5-22 所示。由这两幅图可知,在样本数为 384 以下时,各个输入随机变量对应的 4 种结构地震需求的重要性测度指标上下波动较大,样本数达到 384 时,各个输入随机变量对应的重要性测度指标的值基本不变,并且各个输入随机变量的重要性排序不发生变化。由此可见本节的抽样方法需要的样本数量较少。

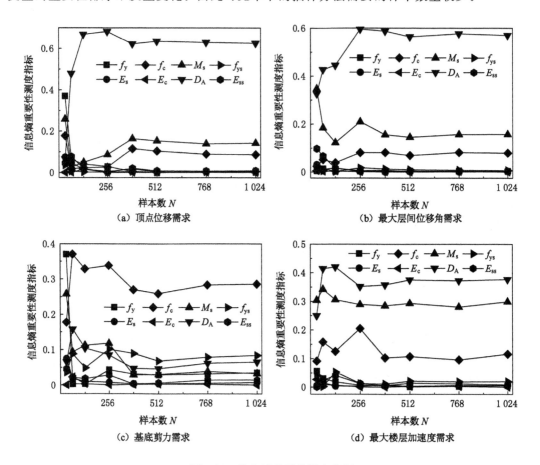

图 5-21　信息熵重要性测度指标

一、信息熵重要性测度指标

由图 5-21 可以看出,D_A、M_s 和 f_c 对结构地震需求影响较大,其余输入随机变量的影响较小。

对这 4 种结构地震需求而言,当样本数不小于 384 时,各个输入随机变量的信息熵重要性测度指标值变化较小,重要性排序基本不变。

二、方差重要性测度指标

输入随机变量的方差重要性测度指标如图 5-22 所示。

由图 5-22 可知,在样本数达到 384 以后,各个输入随机变量的重要性排序基本不变,方

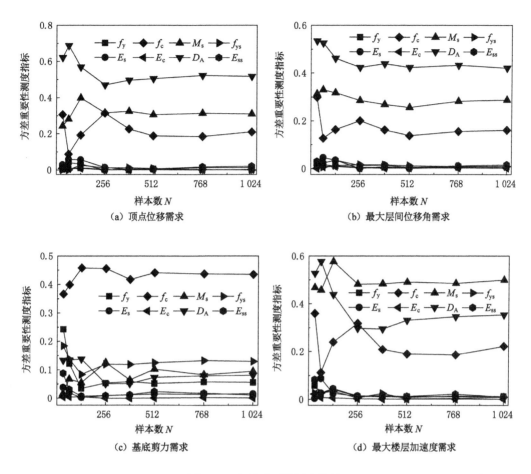

（a）顶点位移需求　　　　　（b）最大层间位移角需求

（c）基底剪力需求　　　　　（d）最大楼层加速度需求

图 5-22　方差重要性测度指标

差重要性测度指标值的变化很小。

三、两种指标对比

将用信息熵重要性测度分析方法(IE)得到的各个输入随机变量的重要性测度指标,与方差重要性测度分析方法(VAR)的结果列于图 5-23。由图 5-23 可以看出,采用这 2 种分析方法得到的输入随机变量的重要性排序基本一致,即使是有差别的,也是在重要性测度指标值非常小的情况下出现的;信息熵重要性测度指标与方差重要性测度指标的值不完全相同,这是由于用两种方法分析指标的含义不同。

四、总结

本节通过信息熵重要性分析方法,以型钢混凝土框架结构为例,研究了输入随机变量对 4 种结构地震需求的重要性,结论如下:

（1）用信息熵重要性分析方法得到的重要性排序与用方差重要性测度分析方法得到的重要性排序基本一致,信息熵重要性分析方法是一种良好的重要性分析方法。

（2）在用 El Centro 地震动记录和 7 条地震动记录分别对型钢混凝土框架结构进行重

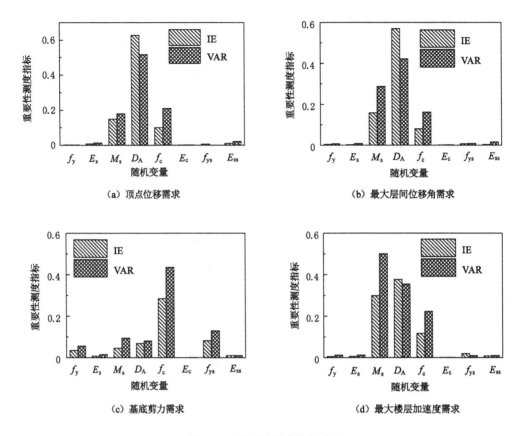

图 5-23　重要性测度指标对比

要性分析时,各个输入随机变量的重要性指标值有普遍规律。

（3）对于型钢混凝土框架结构,同一输入随机变量对 4 种不同的结构地震需求的影响水平有差别,但相对而言,M_s、D_A 和 f_c 对 4 种地震需求的影响都较大,而 E_c 的影响都较小。

（4）本节采用的抽样方法需要的样本数量较少,抽取几百个样本即可得到较好的结果。

通过与方差重要性分析方法对比可以发现,基于核密度估计（KDE）的信息熵重要性分析方法是高效准确的分析方法。

第七节　算　例　4

某 3 跨 7 层带黏滞阻尼器的钢筋混凝土框架结构,标准层层高 3.6 m,底层层高 4.2 m。其结构简图如图 5-24 所示。楼板厚度为 120 mm,所有柱距均为 6.0 m,黏滞阻尼器的阻尼指数为 1,混凝土等级为 C40,钢筋等级为 HRB335,随机参数的相关信息见表 5-4,梁柱截面信息如表 5-5 所示。

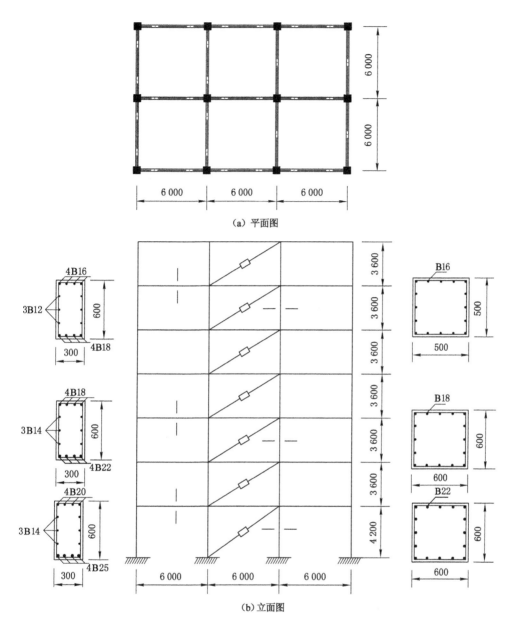

图 5-24　结构简图

表 5-4　随机参数的概率分布类型及统计参数

随机参数	符号	分布类型	均值	变异系数
混凝土强度/MPa	f_c	正态分布	34.82	0.14
钢筋屈服强度/MPa	f_y	对数正态分布	384	0.078
混凝土弹性模量/MPa	E_c	正态分布	33 904	0.08

表 5-4(续)

随机参数	符号	分布类型	均值	变异系数
钢筋弹性模量/MPa	E_s	正态分布	228 559	0.033
阻尼比	D_A	正态分布	0.055	0.2
黏滞阻尼器的刚度/(kN·mm^{-1})	k	正态分布	100	0.1
黏滞阻尼器的阻尼系数/(kN·s·mm^{-1})	c	正态分布	3	0.1
结构质量/(kN·m^{-2})	M_s	正态分布	6	0.1

注:表中结构质量为重力载荷代表值。

表 5-5 梁柱截面信息

楼层编号	柱截面尺寸/mm	柱截面配筋/mm²		梁截面尺寸/mm	梁截面配筋/mm²	
		中部	边部		顶部	底部
1	600×600	2 281	3 800	300×600	1 256	1 964
2~4		1 570	2 544		1 017	1 520
5~7	500×500	1 206	2 010		804	1 017

一、重要性测度分析结果

图 5-25 给出了 $N=1\,024$ 时,无条件样本 3 种地震需求与对应的阻尼比样本之间的散点图,可以看出,顶点位移需求和最大层间位移角需求大致与阻尼比成反相关的关系,基底剪力需求与阻尼比两者之间关系不明显,且 3 种地震需求与阻尼比的关系总体比较分散,这是因为本节选取了 8 种随机参数,地震需求不止受到阻尼比这个单一随机参数的影响。3 种地震需求与其他各个随机参数的关系与此类似,不再一一列出。

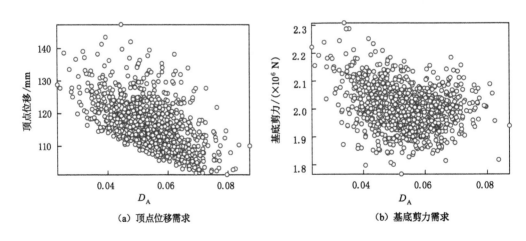

(a) 顶点位移需求   (b) 基底剪力需求

图 5-25 地震需求-阻尼比关系散点图

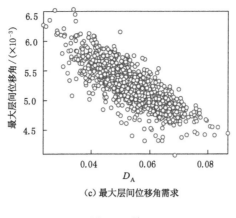

（c）最大层间位移角需求

图 5-25（续）

本节得到了在 N 不同的条件下的各个随机参数对应的 3 种地震需求的重要性测度指标，如图 5-26～图 5-28 所示。由这 3 幅图可知，在 $N=256$ 以下时，各个随机参数对应的 3 种地震需求的重要性测度指标变化较大，在 $N=256$ 及以上时，各重要性测度指标趋于稳定。当 $N\geqslant384$ 时，除极个别影响较小的随机参数对应的重要性测度指标有些变化外，其他各个随机参数对应的重要性测度指标的值基本不变，并且各个随机参数的重要性排序不发生变化。由此可见本节的抽样方法是一种比较高效的方法。

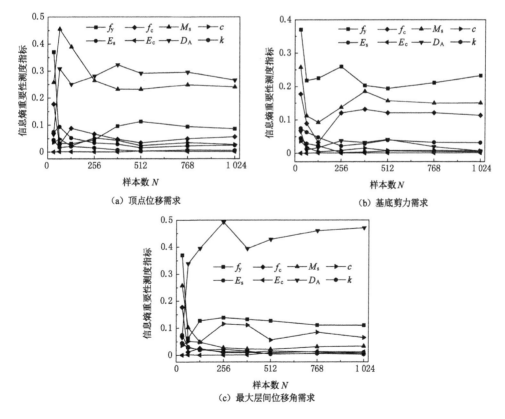

（a）顶点位移需求

（b）基底剪力需求

（c）最大层间位移角需求

图 5-26　信息熵重要性测度指标

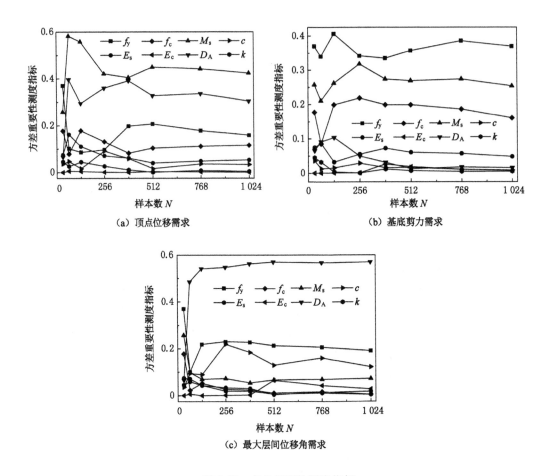

图 5-27 方差重要性测度指标

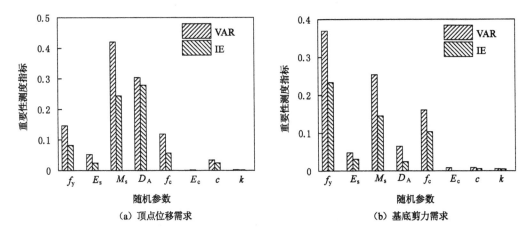

图 5-28 重要性测度指标对比

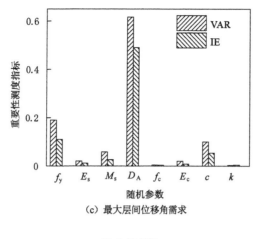

图 5-28(续)

二、信息熵重要性测度指标

由图 5-26(a)可知,结构质量和阻尼比对结构的顶点位移需求影响最大,钢筋的屈服强度和混凝土的抗压强度影响较大,其余各因素影响较小;由图 5-26(b)可知,结构的基底剪力需求受钢筋的屈服强度、结构质量和混凝土的抗压强度 3 个随机参数的影响较大,受其余各个随机参数的影响较小;由图 5-26(c)可知,阻尼比对结构最大层间位移角需求的影响最大,钢筋的屈服强度次之,而钢筋的弹性模量、混凝土的抗压强度、混凝土的弹性模量和黏滞阻尼器的刚度对结构最大层间位移角需求的影响较小。

对这 3 种地震需求而言,当 $N \geqslant 384$ 时,各个随机参数的信息熵重要性测度指标趋于稳定,排序基本不变,值的变化很小。

三、方差重要性测度指标

由图 5-27 可知,基于方差的重要性测度指标与基于信息熵的重要性测度指标规律完全一致,当样本数 $N \geqslant 384$ 时,各个随机参数的方差重要性测度指标趋于稳定,排序基本不变,值的变化很小。

四、信息熵方法与方差方法指标对比

本节采用的信息熵重要性测度分析方法得到了各个随机参数的重要性测度指标,当 $N = 1\ 024$ 时,信息熵重要性测度分析方法和方差重要性测度分析方法的结果对比见图 5-28。

由图 5-28 可以看出,基于信息熵的重要性测度指标与基于方差的重要性测度指标的值有一定差别,这是由于 2 种分析方法表示的指标的含义不一样;相同的随机参数对不同的地震需求的影响水平存在差异,比如结构质量对结构顶点位移需求和最大层间位移角需求的影响较大,却对基底剪力需求的影响较小。

五、Tornado 图形法敏感性分析结果

Tornado 图形法敏感性排序见图 5-29。由图 5-29(a)可知,结构质量、阻尼比和混凝土

的抗压强度对结构顶点位移需求的影响较大,而黏滞阻尼器的刚度和混凝土的弹性模量影响较小。由图 5-29(b)可知,钢筋的屈服强度、结构质量和混凝土的抗压强度对结构基底剪力需求的影响较大,而混凝土的弹性模量影响最小。由图 5-29(c)可知,阻尼比和混凝土的抗压强度对结构最大层间位移角需求的影响较大,而混凝土的弹性模量影响最小。

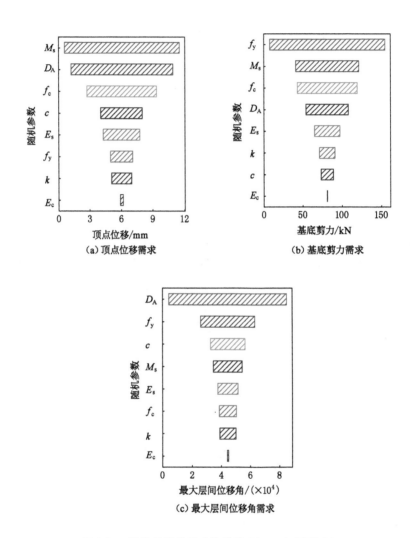

图 5-29　随机变量的敏感性排序(Tornado 图形法)

六、结果对比

本节用了 3 种方法进行分析,表 5-6 列出了用 3 种方法的随机参数对地震需求影响程度的排序结果。由表 5-6 可知,结构质量和阻尼比对顶点位移需求的影响较大,而黏滞阻尼器的刚度和混凝土的弹性模量的影响较小;钢筋的屈服强度和结构质量对结构基底剪力需求的影响较大,混凝土的弹性模量的影响较小;阻尼比和钢筋的屈服强度对结构最大层间位移角需求的影响较大。

表 5-6　随机参数的影响大小排序

地震需求	顶点位移	基底剪力	最大层间位移角
f_y	3-3-6	1-1-1	2-2-2
E_s	5-6-5	5-4-5	5-5-5
M_s	1-2-1	2-2-2	4-4-4
D_A	2-1-2	4-5-4	1-1-1
f_c	4-4-3	3-3-3	7-7-6
E_c	8-8-8	7-8-8	6-6-8
c	6-5-4	6-6-7	3-3-3
k	7-7-7	8-7-6	8-8-7

注:第 1 项为信息熵重要性排序;第 2 项为方差重要性排序;第 3 项 Tornado 图形法敏感性排序。

七、总结

本节通过基于信息熵的重要性测度分析方法,以两种框架结构为例,研究了随机参数对结构地震需求的重要性,并用其他方法进行了对比分析,得到以下结论:

（1）本节提出的抽样方法是一种行之有效的方法,样本数为几百时即可得到较好的结果。

（2）用信息熵重要性测度分析方法得到的随机参数对结构地震需求影响程度的排序与用其他方法得到的结果基本一致,信息熵重要性测度分析方法是一种良好的重要性测度分析方法。

（3）对框架结构而言,同一随机参数对不同结构地震需求的影响水平不一样,但相对而言,结构质量对地震需求的影响都较大,而混凝土的弹性模量的影响都较小。

（4）在用多条地震动记录和单条地震动记录分别对框架结构进行重要性测度分析时,各个随机参数对结构地震需求影响程度的排序基本一致。

综上,本节所用的基于信息熵的重要性测度分析的求解方法是高效准确的方法;将本节所提出的抽样方法用于结构的重要性分析中可以使样本数量大大减少,提高计算效率。

第八节　各种方法结果汇总

本节给出了本章采用多种分析方法得到的两个算例中,随机变量对地震需求的重要性排序,具体论述如下。

一、算例 1 中随机变量的重要性排序

表 5-7 给出了采用各种方法得到的各个随机变量对 4 种结构地震需求的重要性测度指标的重要性排序[32]。由表 5-7 可知,采用不同方法得到的随机变量的重要性排序虽然不完全相同,但基本一致。具体来讲,4 种机器学习算法的结果、基于两种求解方法的信息熵重要性分析结果彼此更接近,且与 Tornado 图形法敏感性分析结果相比,7 种重要性分析方法的结果更为接近。需要指出的是,方差重要性测度指标默认假定方差可以完全反映随机变

量对输出反应量分布的影响,信息熵重要性测度指标是基于信息熵理论的,能够反映输入随机变量对输出反应量的整个分布的影响情况,两种重要性测度指标的意义有所不同;而Tornado图形法敏感性分析是一种局部敏感性分析方法,只能反映输入随机变量取特定的实现值时对输出反应量的影响,不能同时考虑其他随机变量的影响。多种分析方法的结果均表明:D_A 和 M_s 对绝大多数地震需求的影响较大,而 E_s、E_{ss} 和 E_c 对绝大多数地震需求的影响较小。

表 5-7　随机变量的重要性排序

随机变量		顶点位移需求	基底剪力需求	最大楼层加速度需求	最大层间位移角需求
结构纵向	f_y	5-7-6-6-6-5-5-8	3-6-4-5-4-8-6-4	7-7-8-6-7-7-8-7	6-8-7-5-8-5-8-8
	E_s	7-5-8-5-5-8-8-5	6-7-8-7-8-5-5-7	6-6-7-7-8-6-6-5	5-5-8-6-5-6-6-5
	M_s	3-2-2-2-2-3-3-2	2-2-2-2-2-2-2-2	1-1-1-1-1-1-1-1	2-2-2-2-2-4-4-2
	D_A	1-1-1-1-1-1-1-1	1-1-1-1-1-1-1-1	3-3-3-3-3-3-3-4	1-1-1-1-1-1-1-1
	f_c	2-3-3-3-3-2-2-3	7-3-3-3-6-3-3-6	2-2-2-2-2-2-2-2	3-3-3-3-3-2-2-3
	E_c	6-6-5-7-8-6-6-6	5-8-7-8-7-6-8-8	8-8-6-8-6-8-7-8	8-7-5-8-6-8-7-7
	f_{ys}	4-8-7-8-7-4-4-7	8-4-5-4-5-7-7-3	5-5-5-5-5-5-5-6	4-6-6-7-7-3-3-6
	E_{ss}	8-4-4-4-4-7-7-4	4-5-6-3-4-4-4-5	4-4-4-4-4-4-4-3	7-4-4-4-4-7-5-4
结构横向	f_y	7-4-8-6-7-5-8-6	7-7-8-6-7-7-7-7	6-5-8-6-6-7-5-7	6-4-7-5-6-5-5-5
	E_s	8-7-7-7-6-8-6-7	6-6-6-7-7-6-6-6	7-6-5-7-7-6-6-5	8-8-6-7-7-8-8-7
	M_s	2-3-2-2-2-2-2-3	4-3-2-2-2-4-4-2	1-1-1-1-1-1-1-1	2-3-2-2-2-2-2-2
	D_A	1-1-1-1-1-1-1-1	2-2-3-3-3-2-2-4	2-2-3-3-2-2-2-3	1-1-1-1-1-1-1-1
	f_c	3-2-3-3-3-3-3-2	1-1-1-1-1-1-1-1	3-3-2-2-2-3-3-2	3-2-3-3-3-3-3-3
	E_c	5-6-6-8-8-6-5-8	8-8-7-8-8-8-8-8	8-8-4-8-8-8-8-8	7-7-8-8-8-6-7-8
	f_{ys}	6-5-5-5-5-7-7-5	5-5-5-5-5-5-5-5	5-7-6-5-4-5-7-6	4-5-5-4-4-4-4-4
	E_{ss}	4-8-4-4-4-4-4-4	3-4-4-4-4-3-3-3	4-4-7-4-5-4-4-4	5-6-4-6-5-7-6-6

注:表中第1项为基于本书高效抽样方法的方差重要性排序;第2项为最小角回归(LARS)法重要性排序;第3项为采用RBF核函数的支持向量机(SVM)法重要性排序;第4项为随机森林重要性排序;第5项为分位数取0.50的神经网络分位数回归(QRNN)法重要性排序;第6项为核密度估计(KDE)解法的信息熵重要性排序;第7项为正交多项式估计(OPE)解法的信息熵重要性排序;第8项为Tornado图形法敏感性排序。

需要特别说明的是,本章采用的多种分析方法所分析的样本的类型不尽相同。机器学习算法只用到第二章第四节中的样本矩阵 A;基于高效抽样方法的方差重要性分析和信息熵重要性分析需要同时用到第二章第四节中的样本矩阵 A 和第二章第四节中的样本矩阵 B;而 Tornado 图形法敏感性分析只是根据随机变量 X_i 的概率分布的上下界(分别取 90% 和 10%)确定与其相对应的下限值 X_{LB} 和上限值 X_{UB},将 X_i 以外的其他各个随机变量的取值设置为平均值,利用 X_{LB} 和 X_{UB} 的取值和有限元模型进行非线性时程分析,得到输出反应量的下限值 EDP_{LB} 和上限值 EDP_{UB}。这充分证明了本书给出的基于高效抽样方法的方差重要性分析、基于机器学习算法的重要性分析和信息熵重要性分析的有效性。

二、算例 2 中随机变量的重要性排序

表 5-8 给出了在地震动记录 RSN6 和 RSN902 的作用下,采用本书各种方法得到的各

个随机变量对结构纵向 4 种地震需求的重要性测度指标的重要性排序[32]。由表 5-8 可知，采用各种方法得到的随机变量的重要性排序虽然不完全相同，但基本一致。

表 5-8　随机变量的重要性排序

随机变量		顶点位移需求	基底剪力需求	最大楼层加速度需求	最大层间位移角需求
RSN6	f_y	4-6-4-5-6-4-4-5	3-3-4-4-4-3-3-3	5-6-7-6-6-6-6-6	4-3-3-3-3-4-4-4
	E_s	6-7-7-8-7-6-7-7	6-6-8-8-6-6-6-7	7-7-8-7-8-7-7-7	6-7-8-7-7-6-6-5
	M_s	2-3-6-2-5-3-3-3	7-8-5-6-5-8-7-5	1-1-1-1-1-1-1-1	3-4-4-4-4-3-3-3
	D_A	1-1-1-1-1-1-1-1	4-4-3-3-3-4-4-4	2-2-2-2-2-2-2-2	1-1-1-1-1-1-1-1
	f_c	3-2-2-4-3-2-2-2	2-2-2-2-2-2-2-2	4-3-3-3-3-3-3-3	7-6-6-5-6-7-7-7
	E_c	8-8-8-7-8-8-8-8	8-7-7-7-7-7-8-8	8-8-6-8-7-8-8-8	8-8-7-8-8-8-8-8
	f_{ys}	7-4-5-3-4-7-6-4	1-1-1-1-1-1-1-1	3-4-5-4-5-4-4-5	2-2-2-2-2-2-2-2
	E_{ss}	5-5-3-6-2-5-5-6	5-5-6-5-8-5-5-6	6-5-4-5-4-5-5-4	5-5-5-6-5-5-5-6
RSN902	f_y	4-4-4-4-4-4-4-4	4-4-4-4-4-4-4-4	3-3-4-4-3-3-3-4	6-7-7-6-8-5-7-7
	E_s	8-6-8-6-7-8-7-8	6-8-8-8-8-8-7-8	6-7-8-7-8-7-6-7	5-6-8-7-6-8-5-6
	M_s	3-3-3-3-3-3-3-3	2-2-2-2-2-2-2-2	1-1-1-1-1-1-1-1	1-1-1-1-1-1-1-1
	D_A	1-1-1-1-1-1-1-1	3-3-3-3-3-3-3-3	5-6-5-6-6-4-4-6	2-2-3-3-3-2-2-3
	f_c	6-5-5-5-5-6-6-5	5-5-5-5-5-5-5-5	4-4-3-3-3-5-7-3	3-3-2-2-2-3-4-2
	E_c	7-8-7-8-8-7-8-7	8-7-6-7-6-7-8-7	7-8-6-8-7-6-5-8	8-8-6-8-7-6-8-8
	f_{ys}	2-2-2-2-2-2-2-2	1-1-1-1-1-1-1-1	2-2-2-2-2-2-2-2	7-5-5-5-5-7-6-5
	E_{ss}	5-7-6-7-6-5-5-6	7-6-7-6-7-6-6-6	8-5-7-5-5-8-8-5	4-4-4-4-4-4-3-4

注：表中第 1 项为基于本书高效抽样方法的方差重要性排序；第 2 项为最小角回归(LARS)法重要性排序；第 3 项为采用 RBF 核函数的支持向量机(SVM)法重要性排序；第 4 项为随机森林重要性排序；第 5 项为分位数取 0.50 的神经网络分位数回归(QRNN)法重要性排序；第 6 项为核密度估计(KDE)解法的信息熵重要性排序；第 7 项为正交多项式估计(OPE)解法的信息熵重要性排序；第 8 项为 Tornado 图形法敏感性排序。

由算例 1 和算例 2 都可以看出，D_A 和 M_s 对绝大多数地震需求的影响较大，而 E_s、E_{ss} 和 E_c 对绝大多数地震需求的影响较小。

第九节　本章小结

本章研究了型钢混凝土框架结构中的随机变量对结构地震需求和结构地震易损性的信息熵重要性测度指标。以不同地震动强度水平和不同地震动记录作用下的型钢混凝土框架结构为例，分别采用正交多项式估计(OPE)解法和核密度估计(KDE)解法计算了各随机变量的信息熵重要性测度指标，结论如下：

（1）对于型钢混凝土框架结构，单一随机变量对 4 种结构地震需求的影响程度不同，例如本章中的两个算例，对算例 1 和算例 2 中多数地震动记录作用下的随机变量 M_s 来说，M_s 对最大楼层加速度需求的影响较大，而对另外 3 种结构地震需求的影响不大。

（2）采用正交多项式估计(OPE)解法进行信息熵重要性测度指标的求解时，得到的信息熵重要性测度指标与用核密度估计(KDE)解法得到的结果相差不大，比如以算例 1 中的基底剪力需求为例,采用正交多项式估计(OPE)解法时,D_A 的信息熵重要性测度指标比采用核密度估计(KDE)解法时仅高 2.6%,这在一定程度上相互验证了两种方法的有效性。

(3) 随机变量对结构地震需求与对地震易损性的信息熵重要性测度指标有一定区别,这是因为,随机变量对结构地震需求的信息熵重要性测度指标是输入随机变量对输出反应量整个分布的影响,而随机变量对结构地震易损性的信息熵重要性测度指标是输入随机变量对输出反应量失效域的影响。

第六章　结论与展望

第一节　主要结论

本书给出高效抽样方法及其对应的方差重要性测度指标,这种方法所需要的样本数量与普通 Monte-Carlo 抽样相比大大减少。将机器学习算法应用到随机变量对结构地震需求的方差重要性测度分析中,使所需要的样本数量进一步减少。用神经网络分位数回归(QRNN)方法进行重要性分析,可得到随机变量对结构地震需求在其分布范围内各种分位数条件下的影响情况。对型钢混凝土框架结构地震需求进行分析,研究了输入随机变量对输出反应量在其分布范围内各种分位数条件下的影响情况。利用一种可以充分反映输入随机变量的完整不确定性如何影响输出反应量的重要性分析方法——信息熵耦合艾尔米特(Hermite)正交多项式估计的重要性分析方法,研究输入随机变量对结构地震需求以及地震易损性的重要性,得到随机变量对地震需求和地震易损性的信息熵重要性测度指标。考虑框架结构中的楼层相关性,将连接函数(Copula Function)应用到考虑楼层相关性的框架结构地震易损性分析中,对各楼层地震需求的边缘分布函数与地震需求间的相关性分别处理,建立各楼层地震需求的联合概率分布函数,进而得到框架结构地震易损性曲线。主要结论如下:

(1)通过本书给出的抽样方法,以不同地震动强度水平和不同地震动记录作用下的型钢混凝土框架结构为例,得到的各随机变量对结构地震需求的方差重要性测度指标,与用普通 Monte-Carlo 抽样法所得到的结果基本一致,但需要的样本数量大大减少,仅为其 $(n+1)/[n(N+1)]$。这种方法也可以应用到其他学科以及其他领域。随机变量对型钢混凝土框架结构地震需求的方差重要性排序与 Tornado 图形法重要性排序基本一致,但个别有所不同,这是由于 Tornado 图形法是一种局部敏感性分析方法,只能反映输入随机变量取特定的实现值时对输出反应量的影响。D_A 和 M_s 对型钢混凝土框架结构的 4 种地震需求的方差重要性测度指标相对较大,而 E_{ss}、E_s 和 E_c 的方差重要性测度指标比较小,即 D_A 和 M_s 对地震需求的影响较大,而 E_{ss}、E_s 和 E_c 的影响较小。各个随机变量对型钢混凝土框架结构地震需求的重要性测度指标和对地震易损性的重要性测度指标有所不同,这是因为计算随机变量对地震易损性的重要性测度指标,大多属于计算小失效概率问题,输出反应量的功能响应函数分布尾部的问题会对其有较大的影响。从第二章第七节中对两个振动台试验原型的分析可知,本书对型钢混凝土框架结构所建立的模型是准确合理的。

(2)采用本书提到的 4 种机器学习算法得到的重要性排序与采用第二章抽样法得到的重要性排序几乎没有区别。不同地震动记录作用下,对同一结构来说,同一随机变量的重要性测度指标有一定的差异,即不同地震动记录作用下,同一随机变量对相同结构的影响程度不同,但对本书所选取的地震动记录来说,还是有一定规律的,比如绝大多数地震动记录作用下,f_{ys}对基底剪力需求的影响最大,而E_{ss}、E_s和E_c的方差重要性测度指标比较小。

（3）通过信息熵重要性测度方法,研究了型钢混凝土框架结构中的随机变量对结构地震需求和结构地震易损性的重要性指标。采用正交多项式估计（OPE）解法进行信息熵重要性测度指标的求解时,得到的信息熵重要性测度指标与用核密度估计（KDE）解法得到的结果相差不大。随机变量对结构地震需求与对地震易损性的信息熵重要性测度指标有一定区别,这是因为,随机变量对结构地震需求的信息熵重要性测度指标是输入随机变量对输出反应量整个分布的影响,而随机变量对结构地震易损性的信息熵重要性测度指标是输入随机变量对输出反应量失效域的影响。本书采用的多种重要性分析方法的意义不同,采用的样本有较大差别,虽然各种方法得到的随机变量的重要性排序差别不大,但各种分析方法的计算效率有较大差别。在重要性分析方法中,机器学习算法需要的样本数最少,计算代价最小。

第二节　研究展望

本书采用多种分析方法研究了随机变量对型钢混凝土框架结构地震需求的影响程度,其中给出的高效抽样方法可以应用于其他专业和领域,此外,基于连接函数对型钢混凝土框架结构的地震易损性进行了分析,这种方法考虑了各楼层之间的相关性,但以下几个问题还需要深入探讨:

（1）本书以型钢混凝土框架结构为例进行重要性测度分析,得到的随机变量对地震需求及地震易损性的重要性测度指标受计算条件限制,仅选用几个地震动记录对其进行分析,数量偏少,在条件允许时,应选取尽量多的地震动记录对其进行深入研究。

（2）本书在针对随机变量对型钢混凝土框架结构的地震需求及地震易损性进行重要性测度分析时,未研究各个地震动强度指标是如何影响地震需求及地震易损性的,这一问题需要做进一步研究。

（3）本书针对型钢混凝土框架结构,引入连接函数描述了各个楼层之间的相关性,得到了结构地震易损性曲线,但其他形式的框架结构各个楼层之间的相关性对结构易损性的影响尚须进一行研究。

参 考 文 献

[1] 国家地震科学数据中心.中国地震台网统一地震目[EB/OL].http://data.earthquake.cn.

[2] TUBALDI E,BARBATO M,DALL'ASTA A. Influence of model parameter uncertainty on seismic transverse response and vulnerability of steel-concrete composite bridges with dual load path[J]. Journal of Structural Engineering,2012,138(3):363-374.

[3] 赵鸿铁.组合结构设计原理[M].北京:高等教育出版社,2005.

[4] 中华人民共和国住房和城乡建设部,国家质量监督检验检疫总局.建筑抗震设计规范:GB 50011—2010[S].北京:中国建筑工业出版社,2010.

[5] 宋帅.考虑构件相关性的桥梁系统地震易损性分析方法研究[D].成都:西南交通大学,2017.

[6] RATTO M,PAGANO A,YOUNG P. State Dependent Parameter metamodelling and sensitivity analysis[J]. Computer Physics Communications,2007,177(11):863-876.

[7] 钟祖良,涂义亮,刘新荣,等.浅埋双侧偏压小净距隧道衬砌荷载及其参数敏感性分析[J].土木工程学报,2013,46(1):119-125.

[8] 李思,孙克国,仇文革,等.寒区隧道温度场的围岩热学参数影响及敏感性分析[J].土木工程学报,2017,50(增刊 1):117-122.

[9] 叶继红,李柯燃.多点输入下基于响应敏感性的单层球面网壳冗余特性研究[J].土木工程学报,2016,49(9):20-29.

[10] 吕震宙,宋述芳,李洪双,等.结构机构可靠性及可靠性灵敏度分析[M].北京:科学出版社,2009.

[11] SALTELLI A. Sensitivity analysis for importance assessment[J]. Risk Analysis:an Official Publication of the Society for Risk Analysis,2002,22(3):579-590.

[12] LIU Q,HOMMA T. A new computational method of a moment-independent uncertainty importance measure[J]. Reliability Engineering & System Safety,2009,94(7):1205-1211.

[13] BORGONOVO E. A new uncertainty importance measure[J]. Reliability Engineering & System Safety,2007,92(6):771-784.

[14] TANG Z C,LU Z Z,JIANG B,et al. Entropy-based importance measure for uncertain model inputs[J]. AIAA Journal,2013,51(10):2319-2334.

[15] XU C G,GERTNER G Z. Uncertainty and sensitivity analysis for models with correlated parameters[J]. Reliability Engineering & System Safety,2008,93(10):1563-1573.

[16] RATTO M,PAGANO A,YOUNG P C. Non-parametric estimation of conditional moments for sensitivity analysis[J]. Reliability Engineering & System Safety,2009,

94(2):237-243.

[17] SEO H S,KWAK B M. Efficient statistical tolerance analysis for general distributions using three-point information[J]. International Journal of Production Research,2002, 40(4):931-944.

[18] 郝文锐,吕震宙,田龙飞.基于方差的相关输入变量重要性测度分析新方法[J].航空学报,2011,32(9):1637-1643.

[19] SOBOLÁ I M. Global sensitivity indices for nonlinear mathematical models and their Monte Carlo estimates[J]. Mathematics and Computers in Simulation,2001,55(1/2/3):271-280.

[20] TUBALDI E, BARBATO M, DALL' ASTA A. Influence of model parameter uncertainty on seismic transverse response and vulnerability of steel-concrete composite bridges with dual load path[J]. Journal of Structural Engineering,2012, 138(3):363-374.

[21] MACKIE K R, NIELSON B G. Uncertainty quantification in analytical bridge fragility curves[C]//TCLEE 2009. Oakland,California,USA. Reston,VA:American Society of Civil Engineers,2009:88-99.

[22] PADGETT J E,DESROCHES R. Sensitivity of seismic response and fragility to parameter uncertainty [J]. Journal of Structural Engineering, 2007, 133 (12): 1710-1718.

[23] 王晓伟,叶爱君,罗富元.液化场地桩柱式基础桥梁结构地震反应的敏感性分析[J].工程力学,2016,33(8):132-140.

[24] 董现,王湛.基于参数相关性和混合神经网络的结构随机灵敏度分析方法[J].建筑结构学报,2015,36(4):149-157.

[25] 叶生.桥梁结构地震反应对于重要地震参数的敏感性研究[J].安徽建筑工业学院学报（自然科学版）,2012,20(5):6-11.

[26] GE H B,SUSANTHA K A S,SATAKE Y,et al. Seismic demand predictions of concrete-filled steel box columns[J]. Engineering Structures,2003,25(3):337-345.

[27] FAJFAR P,VIDIC T,FISCHINGER M. Seismic demand in medium- and long-period structures[J]. Earthquake Engineering & Structural Dynamics,1989,18(8):1133-1144.

[28] 陈亮,李建中.大跨径桥梁结构概率地震需求分析中地面运动强度参数的优化选择[J].振动与冲击,2011,30(10):91-97.

[29] 刘骁骁,吴子燕,王其昂.基于多维性能极限状态的概率地震需求分析[J].振动与冲击,2017,36(1):181-187.

[30] 尹犟,胡其高,李鹏.混凝土结构地震需求参数敏感性分析[J].中南大学学报（自然科学版）,2012,43(5):1954-1962.

[31] 于晓辉,吕大刚.基于云图-条带法的概率地震需求分析与地震易损性分析[J].工程力学,2016,33(6):68-76.

[32] 宋帅,钱永久,钱聪.桥梁地震需求中随机参数的重要性分析方法研究[J].工程力学,2018,35(3):106-114.

［33］徐强,马艳,王社良.基于构件损伤的防屈曲支撑钢框架易损性分析[J].四川大学学报（工程科学版）,2015,47(4):61-68.

［34］周世军,吴云丹,江瑶,等.高速铁路简支箱梁桥的概率地震需求模型及易损性分析[J].土木建筑与环境工程,2017,39(6):12-21.

［35］陈步青,曾磊,刘昌俊,等.型钢混凝土深梁受剪性能及承载能力研究[J].工程力学,2022,39(9):215-224.

［36］史本龙,王广勇,毛小勇.高温后型钢混凝土柱抗震性能试验研究[J].建筑结构学报,2017,38(5):117-124.

［37］邓飞,肖从真,陈涛,等.分散型钢混凝土组合柱抗震性能试验研究[J].建筑结构学报,2017,38(4):62-69.

［38］孙艳,杨建明,许成祥,等.碳纤维布加固震损 SRC 柱抗震性能有限元分析[J].广西大学学报（自然科学版）,2017,42(1):18-27.

［39］蔡新江,巩牧华,贾红星,等.实腹式型钢混凝土十字形截面柱抗震性能拟静力及混合试验研究[J].建筑结构学报,2016,37(5):146-154.

［40］龚超,侯兆新,王玉银,等.Q460 高强型钢-混凝土组合柱抗震性能试验研究[J].钢结构,2017,32(3):23-27.

［41］史庆轩,王朋,李坤,等.加载制度对新型型钢混凝土柱的抗震性能影响[J].工程力学,2014,31(3):152-159.

［42］郭子雄,林煌,刘阳.不同配箍形式型钢混凝土柱抗震性能试验研究[J].建筑结构学报,2010,31(4):110-115.

［43］彭宇韬,张冰,周冲,等.椭圆形 GFRP 管约束型钢混凝土柱抗震性能试验研究[J].建筑结构学报,2022,43(S1):147-154.

［44］马佳星,陈柯宇,王银辉,等.工字形钢筋混凝土矮墙抗剪承载力研究[J].工程力学,2021,38(4):123-135.

［45］丁发兴,王恩,吕飞,等.考虑组合作用的钢-混凝土组合梁抗剪承载力[J].工程力学,2021,38(7):86-98.

［46］柯晓军,丁文,梁昊,等.钢管高强混凝土组合柱的受剪性能及承载力计算[J].建筑结构学报,2022,43(2):137-146.

［47］周理,黄勇,陈波,等.型钢混凝土板柱节点抗冲切性能试验研究[J].应用基础与工程科学学报,2022,30(3):618-632.

［48］李玉荣.型钢混凝土梁式转换框架结构的试验和理论研究[D].杭州:浙江大学,2005.

［49］胡宗波.SRC 异形柱空间框架结构振动台试验及平扭振动反应分析[D].西安:西安建筑科技大学,2017.

［50］高峰,熊学玉.预应力型钢混凝土框架结构竖向反复荷载作用下抗震性能试验研究[J].建筑结构学报,2013,34(7):62-71.

［51］薛建阳.地震作用下型钢混凝土框架振动台试验及弹塑性动力分析[D].西安:西安建筑科技大学,1997.

［52］傅传国,李玉莹,孙晓波,等.预应力及非预应力型钢混凝土框架受力及抗震性能试验研究[J].建筑结构学报,2010,31(8):15-21.

［53］ 赵世春,黄雄军,夏招广.SRC 单跨两层框架结构拟动力地震反应试验研究[J].西南交通大学学报,1995,30(4):360-367.

［54］ 张雪松.翼缘狗骨式削弱的型钢混凝土框架抗震性能研究[D].天津:天津大学,2007.

［55］ 李奉阁,赵根田.钢骨混凝土组合框架抗震性能研究[J].工业建筑,2010,40(9):111-114.

［56］ 邓国专.型钢高强高性能混凝土结构力学性能及抗震设计的研究[D].西安:西安建筑科技大学,2008.

［57］ 薛建阳,王刚,刘辉,等.型钢再生混凝土框架抗震性能试验研究[J].西安建筑科技大学学报(自然科学版),2014,46(5):629-634.

［58］ 赵顺波,程远兵.组合结构设计原理[M].北京:机械工业出版社,2020.

［59］ 王秀振,钱永久.框架结构地震需求敏感性分析[J].振动与冲击,2018,37(22):104-110.

［60］ 中国建筑科学研究院.混凝土结构设计规范:GB 50010—2010[S].北京:中国建筑工业出版社,2011.

［61］ ALI MIRZA S,MACGREGOR J G. Variability of mechanical properties of reinforcing bars [J]. Journal of the Structural Division,1979,105(5):921-937.

［62］ HYUNG T L. Probabilistic seismic evaluation of reinforced concrete tructural components and systems[D]. Los Angeles:University of California,2005.

［63］ 欧进萍,段宇博,刘会仪.结构随机地震作用及其统计参数[J].哈尔滨建筑工程学院学报,1994(5):1-10.

［64］ NIELSON B. G. Analytical fragility curves for highway bridges in moderate seismic zones [D]. Atlanta:Georgia Institute of Technology,2005.

［65］ ALI MIRZA S, MACGREGOR J G, HATZINIKOLAS M. Statistical descriptions of strength of concrete[J]. Journal of the Structural Division,1979,105(6):1021-1037.

［66］ BORGONOVO E. A new uncertainty importance measure[J]. Reliability Engineering & System Safety,2007,92(6):771-784.

［67］ IMAN R L,HORA S C. A robust measure of uncertainty importance for use in fault tree system analysis[J]. Risk Analysis,1990,10(3):401-406.

［68］ BORGONOVO E. A new uncertainty importance measure[J]. Reliability Engineering & System Safety,2007,92(6):771-784.

［69］ AVEN T,NØKLAND T E. On the use of uncertainty importance measures in reliability and risk analysis[J]. Reliability Engineering & System Safety,2010,95(2):127-133.

［70］ LI G Y, HU J S, WANG S W, et al. Random sampling-high dimensional model representation（RS-HDMR）and orthogonality of its different order component functions[J]. The Journal of Physical Chemistry A,2006,110(7):2474-2485.

［71］ SOBOĹ I M. Global sensitivity indices for nonlinear mathematical models and their Monte Carlo estimates[J]. Mathematics and Computers in Simulation,2001,55:271-280.

[72] TANG Z C,LU Z Z,JIANG B,et al. Entropy-based importance measure for uncertain model inputs[J]. AIAA Journal,2013,51(10):2319-2334.

[73] CHUN M H,HAN S J,TAK N I. An uncertainty importance measure using a distance metric for the change in a cumulative distribution function[J]. Reliability Engineering & System Safety,2000,70(3):313-321.

[74] LIU H B,CHEN W,SUDJIANTO A. Relative entropy based method for probabilistic sensitivity analysis in engineering design[J]. Journal of Mechanical Design,2006,128 (2):326-336.

[75] SOBOLÁ I M. Global sensitivity indices for nonlinear mathematical models and their Monte Carlo estimates[J]. Mathematics and Computers in Simulation,2001,55(1/2/ 3):271-280.

[76] SALTELLI A. Sensitivity analysis for importance assessment[J]. Risk Analysis, 2002,22(3):579-590.

[77] EMILIO P. Method of analysis for cyclically loaded RC plane frames including changes in geometry and non-elastic behavior of elements under combined normal force and bending[C]//IABSE symposium on resistance and ultimate deformability of structures acted on by well defined repeated loads,1973:15-22.

[78] SCOTT B,PARK R,PRIESTLEY M. Stress-Strain Behavior of Concrete Confined by Overlapping Hoops at Low and High Strain Ratio Rates[D]. Lulea:Lulea University of Technology,1989.

[79] TAUCER F,SPACONE E,FILIPPOU F C. A fiber beam-column element for seismic response analysis of reinforced concrete structures[M]. California:Pacific Earthquake Engineering Research Center,1991.

[80] PORTER K A,BECK J L,SHAIKHUTDINOV R V. Sensitivity of building loss estimates to major uncertain variables[J]. Earthquake Spectra,2002,18(4):719-743.

[81] ZHONG J Q,GARDONI P,ROSOWSKY D. Closed-form seismic fragility estimates, sensitivity analysis and importance measures for reinforced concrete columns in two-column bents[J]. Structure and Infrastructure Engineering,2012,8(7):669-685.

[82] 王秋维,史庆轩,杨坤. 型钢混凝土结构抗震性态水平和容许变形值的研究[J]. 西安建筑科技大学学报(自然科学版),2009,41(1):82-87.

[83] 薛建阳,赵鸿铁. 混凝土内含 H 型钢组合框架振动台试验研究[J]. 哈尔滨建筑大学学报,1997,30(5):282-288.

[84] 薛建阳,赵鸿铁. 型钢钢筋混凝土框架振动台试验及弹塑性动力分析[J]. 土木工程学报,2000,33(2):30-34.

[85] 薛建阳,赵鸿铁. 型钢混凝土框架弹塑性地震反应试验研究[J]. 西安建筑科技大学学报(自然科学版),1997,29(4):360-363.

[86] 薛建阳,赵鸿铁. 型钢混凝土框架模型的弹塑性地震反应分析[J]. 建筑结构学报,2000,21(4):28-33.

[87] 赵鸿铁,薛建阳,孙清,等. 型钢混凝土框架模型的振动台试验[J]. 西安建筑科技大学

学报,1996,28(4):359-364.

[88] LI S,ZUO Z X,ZHAI C H,et al. Comparison of static pushover and dynamic analyses using RC building shaking table experiment[J]. Engineering Structures,2017,136: 430-440.

[89] LI S,ZUO Z X,ZHAI C H,et al. Shaking table test on the collapse process of a three-story reinforced concrete frame structure[J]. Engineering Structures,2016,118: 156-166.

[90] CORTES C,VAPNIK V. Support-Vector Networks[M].[S. n.];Kluwer Academic Publishers,1995.

[91] CHERKASSKY V,MA Y Q. Practical selection of SVM parameters and noise estimation for SVM regression[J]. Neural Networks,2004,17(1):113-126.

[92] 李元诚,方廷健,于尔铿. 短期负荷预测的支持向量机方法研究[J]. 中国电机工程学报,2003,23(6):52-59.

[93] LESLIE C,ESKIN E,NOBLE W S. The spectrum kernel:a string kernel for SVM protein classification[J]. Pacific Symposium on Biocomputing,2002:564-575.

[94] RAKOTOMAMONJY A. Variable selection using SVM-based criteria[J]. J Mach Learn Res,2003,3:1357-1370.

[95] 丁世飞,齐丙娟,谭红艳. 支持向量机理论与算法研究综述[J]. 电子科技大学学报,2011,40(1):2-10.

[96] 颜胜科,杨辉华,胡百超,等. 基于最小角回归与 GA-PLS 的 NIR 光谱变量选择方法[J]. 光谱学与光谱分析,2017,37(6):1733-1738.

[97] 耿书敏. 聚类式最小角回归与聚类式坐标下降仿真及实例分析[D]. 山东大学,2016.

[98] EFRON B,HASTIE T,JOHNSTONE I,et al. Least angle regression[J]. The Annals of Statistics,2004,32(2):447-451

[99] 陈善雄,刘小娟,陈春蓉,等. 针对 Lasso 问题的多维权重求解算法[J]. 计算机应用,2017,37(6):1674-1679.

[100] 王秀振,钱永久,宋帅. 基于随机森林和最小角回归的结构地震需求重要性度量分析[J]. 振动与冲击,2019,38(4):115-120.

[101] BREIMAN L. Bagging predictors[J]. Machine Learning,1996,24(2):123-140.

[102] HO T K. The random subspace method for constructing decision forests[J]. IEEE Transactions on Pattern Analysis and Machine Intelligence,1998,20(8):832-844.

[103] SVETNIK V,LIAW A,TONG C,et al. Random forest:a classification and regression tool for compound classification and QSAR modeling[J]. Journal of Chemical Information and Computer Sciences,2003,43(6):1947-1958.

[104] RODRIGUEZ-GALIANO V F,GHIMIRE B,ROGAN J,et al. An assessment of the effectiveness of a random forest classifier for land-cover classification[J]. ISPRS Journal of Photogrammetry and Remote Sensing,2012,67:93-104.

[105] ARCHER K J,KIMES R V. Empirical characterization of random forest variable importance measures[J]. Computational Statistics & Data Analysis,2008,52(4):

2249-2260.

[106] Breiman L. Out-of-bag estimation [EB/OL]. [2010-06-30]. http//stat. berkeley. edu/pub/users/breiman/OOB estimation. ps.

[107] 秦玉华,宫会丽,宋楠,等.改进随机森林的波长选择用于烟叶近红外稳健校正模型的建立[J].烟草科技,2014,47(6):64-67.

[108] 秦玉华,丁香乾,宫会丽.高维特征选择方法在近红外光谱分类中的应用[J].红外与激光工程,2013,42(5):1355-1359.

[109] YANG Y W,HE X M. Bayesian empirical likelihood for quantile regression[J]. The Annals of Statistics,2012,40(2):arXiv:1207.5378.

[110] BARRODALE I,ROBERTS F D K. An improved algorithm for discrete linear approximation[J]. SIAM Journal on Numerical Analysis,1973,10(5):839-848.

[111] CHEN C. A finite smoothing algorithm for quantile regression[J]. Journal of Computational and Graphical Statistics,2007,16(1):136-164.

[112] PORTNOY S,KOENKER R. The Gaussian hare and the Laplacian tortoise:computability of squared-error versus absolute-error estimators[J]. Statistical Science, 1997, 12(4): 279-296.

[113] TAYLOR J W. A quantile regression neural network approach to estimating the conditional density of multiperiod returns[J]. Journal of Forecasting,2000,19(4):299-311.

[114] CANNON A J. Quantile regression neural networks:implementation in R and application to precipitation downscaling[J]. Computers and Geosciences,2011,37(9):1277-1284.

[115] HE Y Y,XU Q F,WAN J H,et al. Short-term power load probability density forecasting based on quantile regression neural network and triangle kernel function[J]. Energy,2016, 114:498-512.

[116] CAO S B,XU Q F,JIANG C X,et al. Conditional density forecast of China's energy demand via QRNN model[J]. Applied Economics Letters,2018,25(12):867-875.

[117] PORTER K A,BECK J L,SHAIKHUTDINOV R V. Sensitivity of building loss estimates to major uncertain variables[J]. Earthquake Spectra,2002,18(4):719-743.

[118] 宋帅.考虑构件相关性的桥梁系统地震易损性分析方法研究[D].成都:西南交通大学,2017.

[119] 崔利杰,吕震宙,赵新攀.矩独立的基本变量重要性测度及其概率密度演化解法[J].中国科学:技术科学,2010,40(5):557-564.

[120] ALI MIRZA S,MACGREGOR J G,HATZINIKOLAS M. Statistical descriptions of strength of concrete[J]. Journal of the Structural Division,1979,105(6):1021-1037.

[121] 中华人民共和国住房和城乡建设部.预应力混凝土结构设计规范:JGJ 369—2016 [S].北京:中国建筑工业出版社,2016.

[122] EMILIO P. Method of analysis for cyclically loaded R. C. plane frames including changes in geometry and non-elastic behavior of elements under combined normal force and bending [C]// IABSE Symposium on Resistance and Ultimate Deformability of Structures Acted on by Well Defined Repeated Loads,1973:27-32.

［123］ SCOTT B D. Stress-strain behavior of concrete confined by overlapping hoops at low and high strain rates［J］. ACI Journal Proceedings,1982,79(1):13-27.

［124］ TAUCER F F,SPACONE E,FILIPPOU F C. A Fiber Beam-Column Element for Seismic Response Analysis of Reinforced Concrete Structures ［J］. Journal of Forecasting,1991,29(5):289-301.

［125］ SCOTT D W. Multivariate Density Estimation［M］. Hoboken:John Wiley & Sons, 2015:25-46.

［126］ SILVERMAN B W. Density estimation for statistics and data analysis［M］. London: Chapman and Hall,1986.

［127］ BOTEV Z I,GROTOWSKI J F,KROESE D P. Kernel density estimation via diffusion［J］. The Annals of Statistics,2010,38(5):2916-2957.

［128］ 张红芹.正交多项式在最佳平方逼近中的应用［J］.网络财富,2009(23):81-82.

［129］ 王秀振,钱永久,瞿浩.基于核密度估计的结构地震需求信息熵重要性分析［J］.振动与冲击,2019,38(1):168-173.

［130］ SHANNON C. A mathematical theory of communication［J］. Computers in Medical Practice,1997,14(4):306.

［131］ TANG Z C,LU Z Z,JIANG B,et al. Entropy-based importance measure for uncertain model inputs［J］. AIAA Journal,2013,51(10):2319-2334.

［132］ ZHANG P. Nonparametric importance sampling［J］. Journal of the American Statistical Association,1996,91(435):1245-1253.

［133］ LI X B,GONG F Q. A method for fitting probability distributions to engineering properties of rock masses using Legendre orthogonal polynomials［J］. Structural Safety,2009,31(4): 335-343.

［134］ DEHNAD K. Density estimation for statistics and data analysis［J］. Technometrics,1987, 29(4):495.

［135］ CHRISTIAN S. Maximum entropy approach for modeling random uncertainties in transient elastodynamics［J］. Journal of the Acoustical Society of America,2001,109 (1):1979-1996.

［136］ 费勒.概率论及其应用:第二卷［M］.北京:科学出版社,1994.

［137］ 汤保新.正交多项式拟合概率密度函数在可靠度计算中的应用［J］.泰州职业技术学院学报,2006,6(1):40-44.

［138］ SILVERMAN B W. Density estimation for statistics and data analysis［M］. London: Chapman and Hall,1986.

［139］ SCOTT D W. Multivariate Density Estimation［M］. Hoboken:John Wiley & Sons, 2015:73-98.